Peter Theodor Hackenbruch

Örtliche Schmerzlosigkeit bei Operationen

Erfahrungen über Anwendung der lokalen Analgesie bei über 250 Operationen

Peter Theodor Hackenbruch

Örtliche Schmerzlosigkeit bei Operationen
Erfahrungen über Anwendung der lokalen Analgesie bei über 250 Operationen

ISBN/EAN: 9783743343832

Hergestellt in Europa, USA, Kanada, Australien, Japan

Cover: Foto ©berggeist007 / pixelio.de

Manufactured and distributed by brebook publishing software
(www.brebook.com)

Peter Theodor Hackenbruch

Örtliche Schmerzlosigkeit bei Operationen

Vorwort.

Die in dieser Monographie niedergelegten, rein persönlichen Erfahrungen über die örtliche Schmerzlosigkeit bei Operationen habe ich aus dem Grunde zu veröffentlichen gewagt, weil sich in mir die Ueberzeugung gefestigt hat, dass bei weitaus den meisten Operationen die allgemeine Narkose und somit deren Gefahren durch Verwendung der lokalen Analgesie umgangen werden kann. Wenn auch die Zahl der unter regionärer Analgesie bis jetzt von mir ausgeführten Operationen noch keine sehr hohe ist, so dürften gleichwohl die angeführten Operationsbeschreibungen geeignet sein, die von mir geübte Methode zur Erzeugung lokaler Analgesie zwecks schmerzloser Ausführung bestimmter Operationen klar und deutlich zu illustrieren.

Dass diese Methode der Erzeugung örtlicher Schmerzlosigkeit zuerst gerade bei der Operation der Krampfadern ihre Beschreibung findet, erklärt einerseits die verhältnismässig grosse Anzahl derartiger Operationen, andrerseits aber wurde ich hierzu bestimmt dadurch, dass ich, in Erinnerung meiner Assistentenzeit an der chirurgischen Klinik zu Bonn, meinem tief empfundenen Dankbarkeitsgefühl gegenüber meinem früheren hochverehrten Lehrer und Chef, Herrn Geheimen Med.-Rat Professor Dr. Fr. Trendelenburg zu Leipzig, welcher die in Rede stehende Operation erdacht und zuerst veröffentlicht hat, Ausdruck zu verleihen wünschte.

Sollten die folgenden Zeilen auf die Herren Kollegen in der Weise anregend wirken, dass die örtliche Schmerzlosigkeit zur Ausführung operativer Eingriffe möglichst ausgedehnte Anwendung erführe, so würde damit dieser Arbeit vornehmster Zweck zum Heile unserer Mitmenschen in schönster Weise erreicht sein.

All den Herren Kollegen, welche bei den lokal-analgisch ausgeführten Operationen mich durch ihre sachgemässe und liebenswürdige Assistenz unterstützt haben, sage ich auch an dieser Stelle meinen wärmsten Dank.

Wiesbaden, im Februar 1897.

Dr. P. Hackenbruch.

Vor einigen Monaten konnte die medizinische Wissenschaft den 50jährigen Gedenktag der Anwendung der ersten allgemeinen Narkose feiern; in welch grossartiger Weise diese allgemeine Betäubung die Diagnostik sowie vor allem die operative Chirurgie gefördert hat, sodass zumal unter Führung der Antisepsis und Aseptik die gefahrvollsten und grössten Operationen zur Ausführung gelangen konnten, ist auch dem der Medizin ferner Stehenden völlig bekannt. Bei der Anwendung der zur allgemeinen Narkose in Gebrauch stehenden Inhalationsanästhetika, von welchen Chloroform, Schwefeläther und Bromäthyl die Hauptrepräsentanten sind, wurden nun im Laufe der Zeit leider üble Zufälle beobachtet und sogar tötliche Ausgänge sind bei den Narkotisierten nicht ausgeblieben. Die in neuerer Zeit besonders von Gurlt so energisch durchgeführte Narkosenstatistik hat ergeben, dass auf 2000 Chloroformnarkosen ein Todesfall kommt, während beim Schwefeläther und Bromäthyl die im Verhältnis zum Chloroform anscheinend kleinere Zahl der unglücklichen Ausgänge noch nicht so bestimmt festgelegt ist. Mit dieser Thatsache, dass auf 2000 Chloroformnarkosen ein Todesfall kommt, besteht jedenfalls, wie Schleich mit Recht behauptet, ohne Frage für jeden, der durch Chloroform betäubt werden soll, die gefährliche Möglichkeit, dieser Eine zu sein. Zudem sind ferner nach allgemeinen Narkosen noch sonstige Nachkrankheiten beobachtet worden, welche, wenn sie auch nicht zum Tode geführt, doch die Gesundheit des betreffenden Kranken wenn auch meist nur vorübergehend geschädigt haben.

In Anbetracht dieser den allgemeinen Betäubungsmitteln anhaftenden Gefährlichkeit hat man stets und ganz besonders in der letzten Zeit darnach gestrebt, einerseits die allgemeine Narkose in ihrer Methode zu verbessern und zu vervollkommnen, andrerseits dieselbe durch Heranziehung von Mitteln, welche geeignet erscheinen, örtlich die Schmerzempfindung aufzuheben, zu ersetzen.

Was den ersten Punkt anbelangt, so ist die jetzt wohl allgemein eingeführte sogenannte Tropfmethode der Chloroformnarkose, welche bekanntlich in einem langsamen stetigen Auftröpfeln des Chloroforms auf die auf dem Gesicht des Kranken ruhende Maske besteht, eine ganz wesentliche Verbesserung gegen die alte Methode des Aufgiessens des Chloroforms. Wer einmal — wie der Verfasser während seiner Primanerzeit — mit einer von Chloroform triefend nassen Maske anchloroformiert worden ist und dabei das unbeschreiblich ängstliche Gefühl der drohenden Erstickung durchkostet hat, dem wird diese Erfahrung sein ganzes Leben lang vor Augen schweben und ihn abhalten, in ähnlicher Weise seine Patienten zu narkotisieren. Ebenso unangenehm und geradezu unerträglich muss für unsere Patienten aber auch die sogenannte Erstickungsmethode der Aethernarkose sein. Auch bei Anwendung des Aethers zur allgemeinen Betäubung bot die einmal durchkostete Anchloroformierung für den Verfasser stets allen Grund, die Kranken allmählich in die Narkose mittels Aethers zu versetzen, für welche Methode in letzter Zeit besonders Riedel warm eingetreten ist.

Dreser hat auf dem XXIV. Kongress der deutschen Gesellschaft für Chirurgie 1859 einen Apparat zur Narkose mittels dosierter Aetherdampfmischungen demonstriert, bei dessen Anwendung das Einschlafen allerdings etwas länger dauert, die Narkose aber sehr ruhig verläuft.

In gleicher Weise empfiehlt es sich auch bei Anwendung des Bromäthyls zur Narkose, die Maske dem Patienten nicht von Anfang an fest und fast luftdicht auf Nase und Mund zu setzen.

Neben dem Streben, die allgemeine Narkotisierungsmethode in ihrer Anwendung zu verbessern, machte sich fast gleichzeitig auch der Wunsch geltend, zunächst für kleinere, wenn auch nicht minder schmerzhafte operative Eingriffe, deren Zeitdauer nicht allzu lang währte, auf die allgemeine Narkose zu verzichten und nur das Operationsgebiet örtlich schmerzlos zu gestalten.

Die Kälteanalgesie.

Schon Salernus hat, wie Husemann[1]) berichtet, ein Verfahren zur Erzeugung von örtlicher Anästhesie zu chirurgischen Zwecken angewendet. Appliciert man ein aus Papaver, Jusquiamus und Mandragora hergestelltes Kataplasma an irgend einer Körperstelle, wo ein Einschnitt oder sonst irgend ein chirurgischer Eingriff geschehen solle, so würde an dieser Applicationsstelle die Sensibilität vollständig entfernt, sodass dort kein Schmerz empfunden würde. In der ausführlichen Mitteilung von Husemann findet sich ferner der im Mittelalter zur lokalen Anästhesie verwendete Lapis Memphitis erwähnt, welcher mit Essig auf der Oberhaut eingerieben wurde, ehe man zur Operation schritt. Am Anfang des 17. Jahrhunderts empfahl, wie Husemann mitteilt, Marco Aurelio Severino die Verwendung der Kälte zur Erzeugung lokaler Schmerzlosigkeit. Dass die Application der Kälte zur Linderung bestehender Schmerzen von guter Wirkung ist, war auch wohl dem Laien schon längst bekannt. Auch Larey und Hunter kannten schon die Eigenschaft der Kälte, örtliche Schmerzlosigkeit, lokale Analgesie hervorzurufen. Diese lokale Analgesie wurde zuerst durch blosses Auflegen von Eisstückchen, später durch Kältemischungen hervorgerufen, bis Richardson sein Verfahren zur Erzeugung lokaler Kältewirkung veröffentlichte, welches auf der Verdunstung ätherischer Flüssigkeiten basierte und jetzt unter dem Namen der Richardson'schen Zerstäubung allgemein bekannt ist.

---

[1]) Husemann: Die Schlafschwämme und andere Methoden der allgemeinen und örtlichen Anästhesie. Deutsche Zeitschrift für Chirurgie Bd. 42, S. 517.

Dass die Application von Kälte an geeigneten Körperstellen eine völlige Analgesie für kleinere operative Eingriffe, die nur die Haut selbst betreffen, hervorzurufen im Stande ist, erscheint auf Grund zahlreicher Beobachtungen und Versuche unzweifelhaft. Bei entzündlichen Hautaffectionen jedoch scheint dem Eintritt der Kälteanalgesie fast immer eine mehr oder minder erhebliche Schmerzempfindung vorauszugehen, sodass also in solchen Fällen (Panaritien, Furunkel etc.) die Anwendung der Kälte zu analgischen Operationen sich selbst eine Einschränkung setzt.

Recht praktisch und brauchbar ist zur Erzeugung oberflächlicher Kälteanalgesie das zuerst in Glasröhren, neuerdings in Metalltuben komprimiert gehaltene Aethylchlorid (Bengué); (der Verschluss der Metalltube ist abschraubbar, sodass der Inhalt zur Vornahme zahlreicher kleiner Operationen verwendet werden kann, während man die geleerte Tube dem Fabrikanten zur Neufüllung wieder zurücksenden kann: zwei Vorteile, welche die Einführung dieser Chloräthyltuben wohl zu erleichtern geeignet sind).

Im Jahre 1881 hat von Lesser auf dem Chirurgenkongress kleine Metallkästchen demonstriert, deren durch Aethermischungen abgekühlte, verschiedenartig geformte Aussenflächen geeignet sind, an der mit denselben in Berührung gebrachten Hautstelle regionäre Analgesie zu erzeugen. Das Prinzip dieser Apparate hat im vorigen Jahre Braatz[1]) zur Konstruktion seines Kälte erzeugenden Instrumentes benutzt, welches hauptsächlich zur Analgesie des ersten Einstiches bei Vornahme der Analgesierung dienen soll. Nach der Beschreibung von Braatz besteht der Apparat aus einem spindelförmigen Hohlgefäss, in dessen Röhre luftdicht ein dünneres, am Boden durchlöchertes Röhrchen steckt. Setzt man bei halber Füllung des Gefässes mit Aether ein mit dem Röhrchen in Verbindung stehendes Gebläse in Gang, so tritt der Luftstrom durch die Oeffnungen des Röhrchens hindurch und nimmt seinen Weg

---

[1]) Braatz: Zur Lokalanästhesie. Centr. für Chirurg. 1895. No. 26.

durch den Aether, um oben am Gefässe zu entweichen. Dadurch entsteht am unteren Pole der grossen Röhre eine so starke Abkühlung, welche ebenso sehr anästhesierend wirkt wie ein Aetherspray. Die Vorzüge seines Apparates erblickt Braatz einerseits in der genauen Lokalisation der Kältewirkung und in dem Fortfall der chemischen Reizung des Aethers selbst, andrerseits in der erweiterten Gebrauchsfähigkeit der Kälteanästhesie überhaupt, da sich eine solche durch dies Instrument auch an Schleimhäuten und in der Anal- und Scrotalgegend sowie in unmittelbarer Nähe einer Wunde erzeugen lasse, während zudem die blanke Metallröhre leicht aseptisch gehalten werden kann.

Der Anwendung der lokalen Analgesie durch Kältewirkung bei operativen Eingriffen sind jedoch enge Grenzen gezogen einerseits dadurch, dass sich durch die Kälte nur oberflächlich liegende Körperstellen unempfindlich machen lassen, andrerseits auch die Zeit der Analgesie eine relativ kurze ist, da schon nach sehr kurzer Zeit, sobald der „erkälteten“ Körperstelle durch die durch jene Einwirkung selbst wiederum gesteigerte Cirkulation des Blut- und Saftstromes wieder Wärme zugeführt ist, die normale Schmerzempfindlichkeit sich wieder herstellt. Ferner wurde bereits oben kurz angedeutet, dass bei entzündlich veränderten und somit in ihrer Schmerzempfindung gesteigerten Körperteilen die Anwendung der Kälte selbst schmerzhaft empfunden wird und dies zuweilen sogar so sehr, wie vielleicht der kurz dauernde operative Eingriff überhaupt nicht schmerzen würde. Hier kommen besonders die Furunkel, Carbunkel, Panaritien etc. in betracht, entzündliche, recht schmerzhafte Prozesse, bei denen die Anwendung z. B. des Chloräthylstrahles zuweilen fast ebenso schmerzhaft empfunden wird als der Einschnitt ohne Kälteanalgesie.

In manchen Fällen äussern auch Patienten kurz vor Eintritt der oberflächlichen Hauterfrierung, an einer nicht entzündeten normalen Hautpartie einen intensiven Schmerz zu spüren, während ein anderer Mensch, bei welchem die gleiche Körperstelle zu Versuchszwecken durch Kälte analgisch gemacht wird, beim Eintritt der Hauterfrierung absolut keinen Schmerz empfindet.

Leicht begreiflich und natürlich musste es daher erscheinen, dass man nach anderen Mitteln suchte, um in anderer Weise eine örtliche Schmerzlosigkeit hervorzurufen, die sowohl ausgedehnter in bezug auf die Tiefenwirkung wäre als auch zeitlich länger anhielte.

Die Cocainanalgesie.

Schon in den nächsten Jahren nach Darstellung des Cocains aus den getrockneten Blättern von Erythroxylon Coca, eines in Peru und Bolivien einheimischen Strauches (Niemann 1859) wurde durch Tierversuche die gefühlsaufhebende Wirkung dieses Alkaloids festgestellt. Beim Menschen wurde das an Salzsäure gebundene und in Wasser leicht lösliche Cocain zuerst äusserlich in 3—5%igen wässerigen Lösungen besonders von den Augenärzten in Anwendung gezogen und bald auch bei operativen Eingriffen an den Schleimhäuten der Nase, Mund- und Rachenhöhle sowie bei der Behandlung der Kehlkopfkrankheiten mit grossem Vorteile benutzt, indem die hier in betracht kommenden Schleimhautbezirke mittels einer 10 bis 20% Lösung von Cocain betupft oder bepinselt werden.

Nachdem nun wiederum durch Versuche an Tieren festgestellt war, dass das Cocain auch subcutan angewendet im Stande war, an der Applicationsstelle regionäre Aufhebung der Schmerzempfindung zu bewirken, lag der Gedanke nicht fern, diese Eigenschaft des Cocains auch beim Menschen gelegentlich kleiner operativer Eingriffe nutzbar zu machen.

Wohl die grössten Verdienste um die allgemeine Einführung dieser örtlichen Cocainanalgesie hat sich Reclus erworben. Dieser Autor hat bei Verwendung von schwachen Cocainlösungen (1—2%) gezeigt, dass man durch methodische Anwendung der einzuspritzenden Cocainlösung immer vollständig ausreichende Analgesie des betreffenden Operationsgebietes erzielt. Die Methode von Reclus besteht bekanntlich darin, dass die Gewebsteile vor ihrer Durchschneidung von der Oberfläche nach der Tiefe zu successive mit der 1 bis 2% Cocainlösung durchtränkt werden. Zuerst wird demnach die Hohlnadel der Subcutanspritze längs verlaufend in die Haut selbst eingestochen und während des Weiterführens der Nadelspitze in der Cutis wird die analgesierende Flüssigkeit eingespritzt. Nachdem so die Haut unempfindlich gemacht ist, wird sie durchschnitten, worauf in gleicher Weise die nun freigelegten Teile mit der Cocainlösung instilliert und dann durchschnitten werden.

Die auf diese Weise erzeugte Analgesie tritt sehr schnell, fast augenblicklich ein, sodass die Zeitdauer des operativen Eingriffs nicht erheblich verlängert wird. Reclus hat diese seine Methode schon in tausenden von Fällen mit Vorteil benutzt und durch seine Erfahrungen bewiesen, dass das Cocain in Dosen von 0,06 bis 0,15 gr angewandt, ungefährlich sei. Inwiefern Reclus mit letzterer Behauptung Recht hat, werden wir später erörtern.

Um die Technik der Cocainanalgesie haben sich ferner noch Landerer, Wölfler, Fränkel, Pernice und Andere grosse Verdienste erworben; die meisten jedoch benutzten etwas höher prozentuierte Lösungen, weshalb die Anwendung dieser stärkeren Cocainlösungen in sich selbst ein Hemmnis zur ausgedehnteren Verwendung trug, da ja die Giftwirkung dieses Alkaloids immer berücksichtigt werden muss.

Pernice,[1]) welcher anfangs zur regionären Analgesie eine 5% Cocainlösung benutzte, gebrauchte später fast ausschliesslich 1% Lösungen. Besonders machte er darauf aufmerksam, dass die Blutleere eine gute Wirkung auf die Schmerzlosigkeit ausübe, weshalb er bei Operationen an den Fingern einen an der Basis des Fingers umgelegten Gummiring benutzte, für dessen Führung über die verletzte resp. entzündete Stelle er einen besonderen Apparat konstruiert hat. Bei Verletzungen werden die wunden Stellen mit in einer 1% Lösung

---

[1]) Pernice: Ueber Cocainanästhesie. Deutsch. med. Wochenschrift 1890. S. 287.

getränkten Läppchen bedeckt und ausserdem central in der Gegend der Nervenstämme ein bis zwei Spritzen einer gleichen Lösung injiciert. „Wenn also eine Amputation oder Resektion am Ende der Phalanx eines Fingers vorgenommen werden soll, so injizieren wir,“ sagt Pernice, „volar und dorsal an der ulnaren und radialen Seite der Grundphalanx je 3—4 Striche der 1% Lösung, selbstverständlich so, dass die Spitze der Nadel gegen die Fingerkuppe gerichtet ist.“

Gabryszewski [1]) tritt auf Grund eigener in Rydygier's Klinik gesammelter Erfahrung für die Cocainanalgesie ein. Er verwendet 3% Lösungen des Cocains und macht vor allem darauf aufmerksam, dass man ein gutes reines Präparat haben müsse, um sich vollen Erfolg bei richtig angewandten Cocainisierungen zu verschaffen. Er benutzt hierzu Spritzen mit kurzen starken Hohlnadeln.

a) Die „periphere Analgesie“ durch Cocain.

Von der schon längst bekannten physiologischen Thatsache ausgehend, dass ein mit Cocain in Berührung gebrachter sensibler Nervenstamm in seinen Endgebieten von der Berührungsstelle ab in centrifugaler Richtung seine Leitungsfähigkeit für sensible Reize verliert, hat Krogius [2]) im Jahre 1894 eine Methode der Cocainisierung veröffentlicht, welche er als „periphere Analgesie“ bezeichnet. Injiciert man nach Krogius eine 2% Cocainlösung unter die Haut — nicht in die Haut selbst — in die Nähe eines Nervenstammes, so entsteht nach kurzer Zeit in dem peripheren Bezirke dieses Nerven eine analgische Zone von oft erheblicher Ausdehnung. Macht man nun die Injektion nicht an einem Punkte, sondern quer zur Längsachse des Gliedes, so wird man natürlicherweise mehr Nervenstämmchen mit der Cocainlösung in Kontakt

---

[1]) Gabryszewski: Ueber den Wert des Cocains in der Chirurgie. Ref. Centr. für Chirurg. 1894. S. 1173.

[2]) Krogius: Zur Frage von der Cocainanalgesie. Centr. f. Chirurg. 1894. S. 241.

bringen und dementsprechend auch ein grösseres und ausgebreiteteres Unempfindlichkeitsgebiet erhalten. Krogius erläutert seine Methode durch einige konkrete Beispiele: „Wenn man eine Operation an einem Finger schmerzlos vornehmen will, spritzt man die Cocainlösung an der Wurzel des Fingers in die Nähe der 4 zu demselben verlaufenden Nerven ein. Man erhält so nach etwa 10 Minuten eine vollständige Analgesie des ganzen Fingers bis zur Kuppe; und die Analgesie betrifft nicht nur die Haut, sondern auch die tieferen Gewebe: Sehnen, Periost etc. Wenn man 2 oder 3 Spritzen voll nacheinander quer über die Hohlhand injiciert, bekommt man eine Analgesie der ganzen Palmarfläche der Hand unterhalb der Injektionslinie. Wird die Cocaininjektion um den Penis herum an dessen Wurzel gemacht, so wird das Präputium analgisch."

Da an den Unter- und Oberarmen, sowie an den Unter- und Oberschenkeln die Resultate der Cocaininjectionen im voraus schwieriger zu bestimmen sind als an den Händen und Füssen, so rät Krogius, in allen diesen Fällen vor Beginn der Operation zu kontrollieren, ob an der betreffenden Stelle Nadelstiche noch schmerzhaft empfunden werden, um, wenn nötig, die zu erzeugende Schmerzlosigkeit durch erneute Injektion zu vervollständigen. Aufmerksam macht derselbe Autor noch darauf, dass die Cocainwirkung und die Analgesie vollständiger wird, wenn man oberhalb der Injektionsstelle den Esmarch'schen Schlauch anlegt.

b) Die cirkuläre Analgesierungsmethode.

Von derselben physiologischen Thatsache ausgehend, auf die Krogius seine Anästhesierungsmethode aufbaute, dass nämlich das Cocain im Stande ist, an der Berührungsstelle mit einem Nerven, dessen Leitungsfähigkeit für sensible Reize im zugehörigen Endbezirke aufzuheben, hat auch Verfasser im Jahre 1893 — also ein Jahr vor der Krogius'schen Veröffentlichung — schon einigemal Gelegenheit gehabt, unter Cocainanalgesie zu operieren. Jedoch weicht die Art der Er-

zeugung der regionären Analgesie, wenn auch auf derselben
physiologischen Eigenschaft des Nervensystems beruhend, etwas von der Krogius'schen Methode der Cocainisierung ab,
wie sich aus den folgenden Ausführungen ergeben wird.

Im Juli des Jahres 1893 kam ein 21jähriger Schreiner-
gehülfe wegen einer schmerzhaften eitrigen Entzündung am
rechten Daumenballen, welche sich angeblich im Anschlusse
an einen daselbst subcutan abgebrochenen Holzsplitter entwickelt haben sollte, in des Verfassers Behandlung. Die Untersuchung ergab, dass es sich um einen Abscess handelte, dessen
Entstehung ganz wohl durch den abgebrochenen und mut-
masslich noch in den Weichteilen steckenden Holzsplitter verursacht werden konnte. Zwecks besseren Sehens bei der aus-
zuführenden Incision legte ich dem Patienten die Nicaise'sche
Gummibinde um den rechten Oberarm an und tröstete den
Kranken damit, dass ich die Operationsstelle am rechten
Daumenballen durch eine Cocaineinspritzung, die ihm nicht
schaden könne, unempfindlich gegen den Schmerz des Einschnittes machen wolle. (Ich sagte ausdrücklich, dass ich das
Operationsgebiet durch Cocaineinspritzung unempfindlich gegen
Schmerzen machen „wolle", denn dass es mir sicher gelingen
würde, wusste ich aus eigener Erfahrung damals noch nicht.)

Einerseits nun in Erinnerung der schon mehrfach er-
wähnten Eigenschaft der sensiblen Nerven gegenüber dem Cocain, andrerseits im Hinblick auf die Unmöglichkeit, die Cocainlösung in die geröteten und gespannten, auch gegen leisen
Druck sehr empfindlichen Hautdecken einzuspritzen, ohne heftige Schmerzen hervorzurufen und in der Ueberlegung, dass
die feinen sensiblen Nervenästchen von allen Seiten in die
entzündliche Schwellung einlaufen, indem sie untereinander
anastomotische Schleifen bilden, beschloss ich, um möglichst
alle Nervenästchen, welche zu der entzündeten Gewebspartie
in leitender Beziehung stehen, mit der Cocainlösung in Berührung zu bringen, die analgesierende Flüssigkeit ringsherum,
cirkulär um die Operationsstelle herum einzuspritzen. Ich benutzte dazu eine frisch zubereitete 2%oige Lösung von Cocain

muriaticum in destilliertem vorher gekochtem Wasser. Um in rautenförmiger Zeichnung und so nur 2 Einstechungspunkte bedürfend, die Cocaininjektion cirkulär um den Abscess auszuführen, waren zwei Pravaz'sche Spritzen nötig, was einer Cocainmenge von 0,04 g entspricht.

Bei J (siehe Fig. 1) wurde, wobei die schraffierte Stelle den Sitz des Abscesses bedeuten soll, die Nadel der Spritze in die Haut eingestochen, und während der Weiterführung derselben unter der Haut in der auf der Zeichnung durch die schwarzen Striche angedeuteten Richtung nach rechts und nach links wurde die Cocainlösung durch kontinuierlich wirkenden Druck auf den Stempel der Spritze injiciert.

Fig. 1.

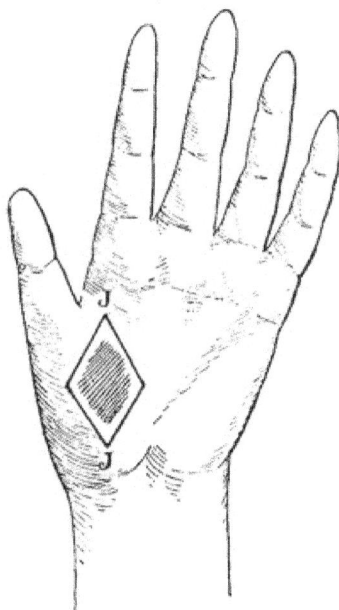

Nachdem auf diese Weise der Abscess cirkulär in rautenförmiger Zeichnung mit Cocainlösung umspritzt war, benutzte ich noch als weiteren Vorteil zur Erreichung einer ausgiebigen Analgesie die Kälte, indem ich in der gedachten Schnittrichtung auf die Operationsstelle den Strahl eines Aethylchloridfläschchens, wie es mir von meiner Assistentenzeit an der Bonner chirurgischen Klinik bekannt war, bis zur Weissfärbung einwirken liess. Patient verhielt sich hierbei ganz ruhig und äusserte kein Gefühl von Brennen, das infolge von Aethylchlorid zuweilen zumal bei entzündetem Gewebe entsteht. Sodann werden die Hautdecken gespalten, die Wundränder mit scharfen Häkchen auseinander gehalten und nach Entleerung des Eiters der in der Tiefe der Wunde steckende, ungefähr 1 cm grosse Holzsplitter entfernt.

Die erzielte Schmerzlosigkeit war in diesem Falle eine
so vollständige, dass ich wie auch der nunmehr frohe Patient
ganz erstaunt darüber war. Auch bei der nachfolgenden Ausspülung der frischen Wunde mit Sublimatlösung von 1:1000
sowie bei der Tamponade derselben mit Jodoformgaze äusserte
der Kranke, wiederholt darnach befragt, keinen Schmerz zu
empfinden, sondern nur das stumpfe Gefühl zu haben, dass
an seiner Hand „etwas gemacht würde."

Diesen meinen ersten Fall, den ich unter Cocainanalgesie
mit Zuhilfenahme von Aethylchlorid im Juli 1893 operieren
konnte, habe ich etwas ausführlicher beschrieben einerseits,
weil die bei demselben in Anwendung gezogene Cocainisierung
mir zum Muster für die späteren Operationen unter örtlicher
Schmerzlosigkeit wurde, andrerseits auch deshalb, weil die hierbei erzielte regionäre Analgesie eine so vollständige war, wie
ich sie früher nur bei Anwendung der allgemeinen Narkose
kennen gelernt hatte. In der späteren Anwendung und Er-
probung der lokalen Cocainanalgesie habe ich aber auch Fälle
erlebt, bei denen die Vollkommenheit der Analgesie zu wünschen
übrig liess.

Weiter unten wollen wir diese Fälle einer näheren Betrachtung unterziehen und uns bemühen, die Gründe ausfindig
zu machen, welche hierzu Veranlassung gegeben haben könnten.

An dieser Stelle möge noch erwähnt werden, dass L. Cham-
ponière im Sommer 1895 auf die analgesierende Wirkung
des Guajakols, welches in einer Lösung von 1:10 bis 20 g
Süssmandelöl zur Anwendung kam, aufmerksam gemacht hat.
Die Erfahrungen hierüber sind jedoch noch nicht genügend
geprüft, um ganz bestimmte Mitteilungen machen zu können,
auch sind noch keine Tierversuche bekannt gegeben worden;
öfters wurden kleine Nekrosen an der Einstichstelle beobachtet,
während die Resultate beziehentlich der erreichten lokalen
Analgesie zufriedenstellende zu sein scheinen.

Die zur Erzielung einer ausreichenden lokalen Analgesie nötigen Vorbedingungen.

Ehe wir nun die von uns jetzt geübte und vielfach erprobte Methode der regionären Cocain- resp. Cocain-Eucain-Analgesie auch bei anderen Operationen näher beschreiben, scheint es zweckmässig zu sein, auf Grund der gemachten Erfahrungen diejenigen Momente einer Betrachtung zu unterwerfen, welche zur Erzielung einer vollständigen und ausreichenden regionären Schmerzlosigkeit von einschneidender Bedeutung sind.

Vor allen Dingen ist es zur Erreichung des zu erstrebenden Zieles nötig, dass man im Besitze einer hierzu geeigneten guten Subcutanspritze ist. Während wir uns früher einer gewöhnlichen Pravaz'schen Spritze bei den Injectionen bedienten, zu der wir nötigenfalls auch mehr oder weniger gekrümmte Hohlnadeln verwendeten, gebrauchten wir in letzter Zeit fast ausschliesslich eine Spritze, deren unterer Zapfen, auf welchen die Hohlnadel aufgesteckt wird, schräg abgebogen ist. (Siehe Fig. 2 u. 3.)[1])

Es ist dies ursprünglich eine Roux'sche Spritze mit Querstange, deren Stempelkolben aus Gummi besteht; der Gummikolben kann durch Drehung der Stempelstange zusammengepresst werden, wodurch der Stempelkolben sich fest an die durch eine Neusilberfassung geschützte Glasröhre andrückt. Den unteren Ausflusszapfen *a* der 2 cbcm haltenden Spritze habe ich mir schräg abbiegen und auf das Knie der Biegung einen kleinen soliden Silberzapfen (*s*) einlöten lassen, welcher in den Schlitz des Bajonettverschlusses, den ich mir an dem Kopfende der Hohlnadel anbringen liess, hineinpasst, wodurch die aufgesteckte Hohlnadel sicher festgehalten wird und völlig dicht schliesst. Dieser feste Schluss der Hohlnadel an dem Ausflusszapfen der Spritze ist unbedingt da erforderlich, wo es sich darum handelt, die Cocaininjection in derbes, hartes, sklerotisches Gewebe zu machen; denn wenn neben Zapfen und

---

[1]) Die geschützte Spritze, welche mit zwei verschieden langen Hohlnadeln mit Bajonettverschluss in einem vernickelten Metalletui geliefert wird, ist in jeder besseren Instrumentenhandlung zum Preise von 8 Mk. zu haben.

Fig. 2. Fig. 3.

s a

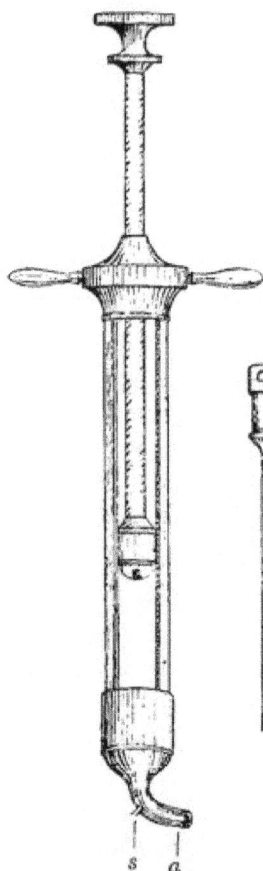

Die Subcutanspritze vor dem Gebrauch, zur
Demonstration des winkelig gestellten Aus-
flusszapfens sowie des Bajonettverschlusses am
Nadelkopf.

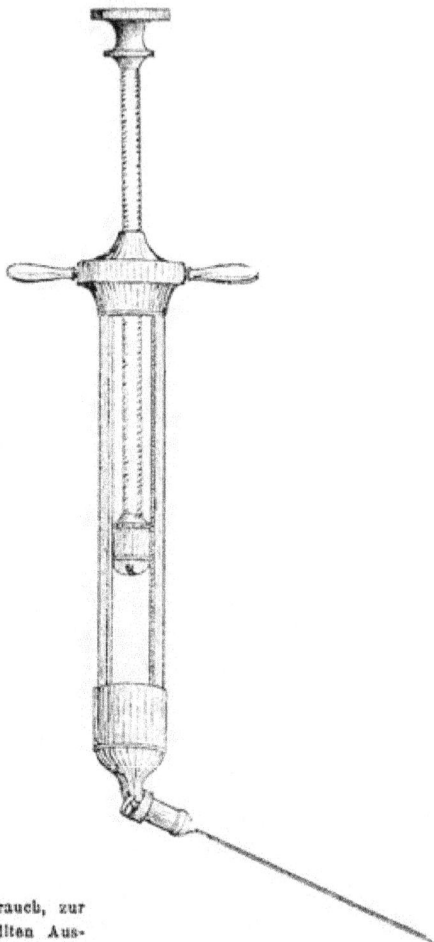

Die Subcutanspritze fertig zum Gebrauch.

Kopfende der Nadel bei kräftigem Druck auf den Stempel
Analgesierungsflüssigkeit hervorquillt, dann kann man natür-
lich nicht mehr mit Bestimmtheit sagen, wie viel Cocain dem
Kranken in der That einverleibt wurde.

Zuerst kommt einem die Hantierung der kurz beschriebenen
Analgesierungsspritze, zumal wenn man gewohnt war, mit der
allgemein gebräuchlichen Subcutanspritze zu arbeiten, etwas

sonderbar und unbequem vor, da die Spritze bei Vornahme
der Injection nicht parallel der Oberfläche der in Frage kommenden Körperregion gehalten wird, sondern in einer dem
Abschrägungswinkel des Ausflusszapfens entsprechenden Richtung. Der Vorteil dieser veränderten Richtung der Spritze
liegt aber klar vor Augen. Bei Operationen in der Leisten-
beuge, in der Achselhöhle oder in der Gegend des Halses
unterhalb des Kinnes und des Kieferwinkels ist es fast unmöglich mit der gewöhnlichen Subcutanspritze die Cocaininjectionen in der gewünschten Weise auszuführen, da die gefüllte
Spritze mit ihrem ausgezogenen Stempel zu lang ist, sodass
man bei zur Körperoberfläche mehr oder weniger parallel ge-
stellter Spritze mit dem oberen Stempelende überall anstösst,
wodurch die Einspritzung sehr behindert, zuweilen sogar unmöglich gemacht wird. Bei unsrer Analgesierungsspritze jedoch
ist das obere Stempelende immer von der Körperoberfläche
weggerichtet und für den Druck des Fingers beim Injicieren
daher immer frei erreichbar. Ferner ermöglicht diese Spritze
es auch, die Verwendung von gebogenen Hohlnadeln, die ja
aus physikalischen Gründen etwas kräftiger und von dickerem
Kaliber sein müssen, entbehren zu können. Man braucht sich
nur einige längere und kürzere Hohlnadeln zu halten und wird
immer zurecht kommen. Der Vorteil des abgeschrägten Ausflusszapfens macht sich insbesondere auch bei grösserer Wund-
tiefe geltend, so z. B. bei Radicaloperationen von Eingeweidebrüchen oder bei Vornahme des hohen Blasenschnitts, wobei
in der Tiefe der Wunde noch Cocaininjectionen zwecks Analgesierung notwendig werden, während auch der Bajonettverschluss, welcher die Hohlnadel an dem schrägen Ausflusszapfen
der Spritze selbst unverrückbar festhält, sich im Gebrauch als
recht praktisch erwiesen hat.

Hat man die beschriebene Subcutanspritze, deren charak-
teristisches Merkmal der winkelig gestellte Ausflusszapfen ist,
einige Male zur Erzeugung örtlicher Schmerzlosigkeit zwecks
Vornahme von operativen Eingriffen verwendet, so wird man
dieselbe ohne Zweifel für besagte Zwecke nur ungern ent-

behren und später vielleicht zu allen Analgesierungen benutzen, wie es Verfasser schon zu thun gewohnt ist. Auch bei der Analgesierung des Zahnfleisches zwecks schmerzloser Extraction von Zähnen wird sich unsere Subcutanspritze in vielen Fällen recht brauchbar erweisen, wie es Verfasser einige Male zu erproben Gelegenheit hatte.

Eine weitere gute Eigenschaft der geschilderten Spritze ist noch die, dass dieselbe leicht auseinander genommen, gereinigt und ausgekocht werden kann.

Zwecks Erreichung des gewünschten Grades von Analgesie bei einer unter regionärer Schmerzlosigkeit vorzunehmenden Operation ist nun ausser einer gut funktionierenden und leicht zu handhabenden Spritze auf Grund unsrer Erfahrungen auch eine möglichst frisch bereitete Cocainlösung nötig, weil die puren Cocainlösungen bald trübe und flockig werden und an Analgesierungskraft entschieden verlieren. Auf diese missliche Eigenschaft der Cocainlösungen macht unter vielen Anderen auch Schlatter[1]) ganz besonders aufmerksam, weshalb auch er rät, die Lösungen möglichst frisch zu benutzen und höchstens einige Tage alt werden zu lassen.

Früher benutzte ich zur lokalen Schmerzaufhebung immer eine 2% Lösung von Cocain in vorher gekochtem destillierten Wasser ohne jedweden Zusatz, von der ich mir 5 bis 10 oder 20 cbcm je nach Bedarf herstellte. Seit Einführung des Eucains als eines nach Angabe der Fabrikanten[2]) relativ ungiftigen Ersatzmittels für Cocain wurden, wie die hinten angefügte tabellarische Uebersicht ergiebt, zum Teil reine Eucainlösungen in 2—5% Lösung verwendet, alsbald jedoch, da die puren Eucainlösungen bei den meisten Patienten zuerst beim Injicieren ein brennendes Gefühl hervorriefen, eine Mischung von Cocain und Eucain mit bestem Vorteil in Anwendung gezogen.

---

[1]) Schlatter: Zur Lokalanästhesie cf. Centr. für Chirurg. 1896. Nr. 46.

[2]) Durch die Liebenswürdigkeit der Direktion der chem. Fabrik auf Aktien (vorm. E. Schering) zu Berlin erhielt Verfasser im Februar 1896 ein Versuchsquantum Eucain hydrochloric. zur Verfügung gestellt; die Angaben über die gebrauchten Eucainlösungen zu analgischen Zwecken beziehen sich auf dieses Eucainpräparat.

Die in letzter Zeit durchweg benutzte Cocain-Eucainlösung
für subcutane Injectionen bereitet man sich in bequemer Weise
jedesmal frisch, so dass je nach Bedarf ein oder zwei Cocain-
Eucain-Pulver, welche aus Cocain und Eucain ana 0,05 bestehen,
in 5 resp. 10 cbcm vorher gekochten destillierten Wassers auf-
gelöst werden. Für Mehrbedarf könnte man sich die einzelnen
Cocain-Eucain-Pulver entsprechend schwerer abwiegen lassen.
Für den praktischen Arzt jedoch, welcher kleinere Operationen
analgisch ausführen will, wird es zweckmässig sein, sich die
einzelnen Pulver in dem angegebenen Gewichte machen zu
lassen, da ihm sonst die Lösung zu alt werden könnte, während
für eine ausreichende Analgesie eine möglichst frische, nur
ein bis zwei Tage alte Cocain-Eucain-Lösung unbedingt erforderlich ist. In einer Rezeptformel ausgedrückt würde die Ver-
ordnung der Cocain-Eucain-Pulver dementsprechend folgendermassen lauten:

Rp. Cocain. muriat. puriss.
Eucain. muriat. puriss.
ana 0,05
d. tal. dos Nr. XX
D. S. Coc. Euc. ana 0,05.

In 5 cbcm vorher gekochten destillierten Wassers zu lösen.

Die aus Cocain-Eucain ana 0,05 bestehenden Pulver lassen
sich ohne Anwendung eines Bindemittels durch einen Com-
primierapparat zu haltbaren Tabletten zusammenpressen, wie
es mir Herr Apotheker Eller hier in liebenswürdiger Weise
gezeigt hat. In jüngster Zeit habe ich diese Coc.-Euc.-Tabletten,
welche zu je 10 Stück in einem Glasröhrchen verschlossen
sind, zur Bereitung der analgesierenden Lösungen benutzt.

Nach unseren Erfahrungen waren die mit vorstehender
Analgesierungsflüssigkeit erzielten Resultate dieselben, wie sie
auch durch die 2% Cocainlösungen zu stande gebracht wurden.
Mit Hülfe der combinierten Cocain-Eucain-Lösung sind wir
nun, da das Eucain viel weniger giftig zu sein scheint — nach
der Mitteilung von Kiesel[1]) kann man unbeschadet der Ge-

¹) Kiesel: Eucain. Ein neues lokales Anästheticum. Zahnärztliche
Rundschau 1896. Nr. 196.

sundheit der Patienten bis zu 3 gr injicieren — und demnach
in der zu verwendenden Lösung kaum in Rechnung gebracht
zu werden braucht, in den Stand gesetzt, doppelt so viel Gramm
der analgesierenden Flüssigkeit zu injicieren als früher bei
Anwendung einer 2%igen Cocainlösung, ehe wir die Maximaldosis des Cocains 0,05 erreichen. (In jeder 1 cbcm fassenden
Spritze befindet sich 0,01 Cocain und Eucain.) Dadurch wiederum
wird es uns möglich gemacht, auch grössere Operationen, bei
denen ausgedehntere Gebiete unempfindlich sein sollen, unter
regionärer Schmerzlosigkeit zur Ausführung zu bringen.

Der Grund, der für uns bestimmend war, das Cocain in
der früher gebrauchten 2% Lösung zur Hälfte durch das viel
weniger giftige Eucain zu ersetzen, liegt demnach in dem Streben,
eine schwächere Cocainlösung bei gleicher Analgesierungskraft zu haben, um bei Mehrverbrauch von Analgesierungsflüssigkeit ohne Erreichung der maximalen Dosis ausgedehntere operative Eingriffe an den Kranken schmerzlos vornehmen zu
können. Weshalb wir das Cocain vorläufig noch nicht ganz entbehren können, ergiebt sich aus den praktischen Anwendungen
der puren Eucainlösungen allein. Nur einige Kranke habe ich
mit einer 2% Eucainlösung — den ersten Anfangs März 1896 —
mit befriedigendem Erfolg beziehentlich der erreichten Analgesie operiert, jedoch klagten die Patienten, der eine mehr
der andere weniger, über ein schmerzhaftes Brennen bei der
Einspritzung selbst. Dieser brennende Schmerz machte sich
besonders geltend bei der Ausführung einer sekundären Sehnennaht der beiden durchschnittenen Beugeschnen des Zeigefingers
bei einem 40jährigen Flaschenbierhändler, bei welcher Operation
eine 5%-Eucainlösung benutzt wurde. Um nun die dem Eucain
anhaftende Eigenschaft, bei der subcutanen Injection schmerzhaftes Brennen zu verursachen, auszuschalten, setzte ich der Eucainlösung nunmehr Cocain zu und habe sodann nur die im obigen Re-
zept niedergelegte combinierte Coc.-Euc.-Lösung zur subcutanen
Einspritzung zwecks Erzeugung regionärer Analgesie verwendet.

Kurz zusammengefasst hat sich für die Praxis die Her-
stellung der Analgesierungsflüssigkeit so als am bequemsten

erwiesen, dass man in einem weithalsigen sauberen Fläschchen eine Tablette Cocain-Eucain ana 0,05 mit 5 cbcm kochend heissen destillierten Wassers, das in einem Reagensfläschchen zum Sieden gebracht ist, übergiesst, worauf unter Schütteln des verkorkten Flächchens die Coc.-Euc.-Tablette sich leicht und schnell auflöst und auch die gewonnene Analgesierungsflüssigkeit sich so weit abkühlt, dass sie alsbald zur Injection benutzt werden kann. Will man mehrere Operationen an verschiedenen Patienten unter örtlicher Schmerzlosigkeit — wie dies wohl an grösseren Krankenanstalten oder Kliniken sehr häufig der Fall sein dürfte — gleich nacheinander ausführen, so wird es sich empfehlen, mehrere Coc.-Euc.-Tabletten in einem entsprechend grösseren Quantum frisch gekochten destillierten Wassers zu lösen, wenn man es nicht vorzieht, bei grösserem Verbrauch von Analgesierungsflüssigkeit doppelt so schwere Coc.-Euc.-Tabletten zu verwenden.

Ganz kürzlich hat Tito Costa[1]) darauf hingewiesen, dass sich die Schnelligkeit des Eintritts der Analgesie nach Cocaininjectionen dadurch erhöhen liesse, dass man zu den besagten Einspritzungen recht warme Lösungen (50—55° C.) benutze; auch könne man dann mit einer nur 0,4 bis 0,5% Lösung von Cocain eine ausreichende Analgesie erzielen.

Bei etwa den letzten 20 Operationen habe ich die frisch zubereitete 1% Coc.-Euc.-Lösung recht warm injiciert und kann auf grund der gemachten Erfahrungen die Angaben von Tito Costa nur bestätigen.

Kritische Besprechung einiger Analgesierungsresultate.

Ehe wir zur detaillierten Schilderung der Technik der lokalen circulären Analgesierung übergehen, wird es praktisch sein, wenn wir zuvörderst uns aus der hinten angefügten tabel-

---

[1]) Tito Costa: Eine Neuerung in der Technik der Cocainanästhesie Ref. Deutsche Medicinal-Zeitung 1897.

larischen Uebersicht über die lokal-analgisch ausgeführten
Operationen diejenigen Fälle heraussuchen, bei welchen die
hervorgerufene Analgesie eine volle Zufriedenheit nicht ganz
erreichte. Lernen wir doch fast stets aus weniger guten Erfolgen viel mehr als aus lauter glücklichen Resultaten!
Bei der Durchsicht der Tabelle fällt uns zuerst in dieser
Hinsicht besonders Nr. 13 auf, unter welcher ein 73jähriger
Herr aufgeführt ist, der wegen eines kleinen ulcerierten Tumors
des rechten Mundwinkels operiert wurde. Die Analgesie suchte
ich in der Weise herzustellen, dass ich bei geöffnetem Munde
des Patienten an der Schleimhautseite ein mit 10% Cocainlösung getränktes Gazeläppchen in einer der Grösse des zu
entfernenden Mundwinkels entsprechenden Ausdehnung manuell
halten liess, nachdem diese innere Schleimhautseite des Mundwinkels trocken abgetupft war; sodann wurde bei geöffnetem
Munde des Patienten etwa 3 cm von dem Mundwinkel entfernt
ein feiner Aethylchloridstrahl auf die Wange gerichtet bis zur
punktförmigen Weissfärbung der Haut; an dieser Stelle wurde
die Nadel der Injectionsspritze schmerzlos eingestochen und
dieselbe bei gleichzeitigem Druck auf den Spritzenstempel subcutan nach der Ober- und dann nach der Unterlippe zu mitten
durch die Wangenwand bis hart ans Lippenrot hingeführt. Es
war somit ein gleichseitiges Dreieck, das seine Spitze an der
Eintrittsstelle der Nadel, seine Basis an der Mundöffnung selbst
hat, umspritzt. Nach einigen Minuten wurde das innen liegende
Gazeläppchen entfernt und nun innerhalb der Cocainzone am
rechten Mundwinkel der Tumor keilförmig mit schnellen Messer-
zügen herausgeschnitten und die entstandene Wunde sofort
linear vernäht.

Der alte Herr gab jedoch an, beim Schneiden Schmerzen,
die wohl zu ertragen gewesen seien, verspürt zu haben. Auf
die Frage, ob er sich nötigen Falles nach dieser gemachten
Erfahrung in ähnlicher Weise operieren lassen würde, antwortete
er mit unbedingtem Ja.

Der Grund, weshalb in diesem Falle die Analgesie nicht
ganz vollkommen gewesen ist, wird wohl darin liegen, dass

an der Mundgrenze in der Gegend des Lippenrotes oben und
unten noch ein kleiner Weichteilstreifen lag, welcher der Kürze
der Injectionsnadel zufolge nicht direkt mit der Cocainlösung
in Kontakt gekommen war und so die dort verlaufenden Nervenästchen das Gefühl für die Schmerzempfindung vermittelt haben.
In Zukunft werden wir demnach bei ähnlichen Operationen
stets darauf Acht haben, dass die analgesierende Flüssigkeit
bis ins Lippenrot hineinkommt; nötigenfalls — nämlich bei un-
zureichender Länge der Nadel — würden wir auch von der
Mundöffnung aus zu beiden Seiten des zu entfernenden Lippen-
stückes eine weitere Cocaineinspritzung machen.

Nr. 33 der Tabelle betrifft den ersten unter lokaler Analgesie operierten Fall von eingeklemmtem Schenkelbruch bei
einer 53jährigen Dame, die seit einigen Tagen an Ileus litt.
Es handelte sich hierbei um einen etwa gänseeigrossen linksseitigen Schenkelbruch, über dem die Haut entzündlich gerötet
war. Nach rautenförmiger cirkulärer Cocaininjection wurde in
der Richtung des gedachten Einschnittes der Aethylchloridstrahl
appliciert; hierbei fiel, wie auch schon früher, auf, dass Patientin
nicht über ein brennendes Gefühl bei Eintritt der Erfrierung
klagte, was sich wohl ungezwungen als Wirkung der eingespritzten Cocainlösung erklärt. Nach schmerzloser Freilegung
des Bruchsacks wurde der letztere gespalten, worauf sich zuerst
ein vielfach adhärenter Netzklumpen präsentierte; das Netz
war, obschon es mit Cocain direkt nicht in Berührung gekommen
war, für die Abtragung nach drei vorher angelegten Umstechungs-
ligaturen unempfindlich; es löste die Abbindung und Resection
des Netzes keine Schmerzen aus. In der Tiefe sah man nun
die schwarzblau verfärbte Dünndarmschlinge, behufs deren
Lösung die Bruchpforte von aussen oben etwas eingeschnitten
wurde. Nur über diese letztere kleine Incision klagte die
Patientin. Der nunmehr gelöste Darm wurde ganz sachte
zwecks Besichtigung der Schnürfurche leicht vorgezogen, wobei
Patientin ebenfalls über Schmerzempfindung klagte, welche sich
steigerte, sobald an dem vorliegenden Darm stärker gezogen
wurde. Bei dem blossen Anfassen löste der Darm keine

Schmerzempfindung aus. Da beim Hervorholen des Darmes sich gleichzeitig trübe Flüssigkeit aus der Bauchhöhle über die Wunde ergoss und das Aussehen der Schnürfurche am Darme selbst gegen den späteren Eintritt einer Perforation uns nicht absolut sicherte, wurde die Radikaloperation nicht angeschlossen, sondern nach Reposition des Darmes durch die Bruchpforte ein Jodoformgazestreifen in die Bauchhöhle gelegt. Sodann folgte schmerzlose partielle Naht der Hautwunde. Patientin gesundete innerhalb 4 Wochen.

Aus der Beobachtung dieses Falles haben wir einerseits gelernt, dass eine erneute Cocaininjection an dem oberen Teile der Bruchpforte der Patientin den, wie sie selbst sagte, „kleinen Schmerz" der oberen Incision erspart haben würde, andrerseits aber auch, dass das Netz sich unempfindlich selbst gegen Abbindung und Resection erwies, dass ferner der Darm bei blosser Berührung keine Schmerzen auslöst, sondern nur der Zug an letzterem zu kolikartigen Schmerzen Veranlassung giebt. Zu erwähnen ist noch, dass der Dame vor der Operation 0,015 Morph. muriat. subcutan einverleibt wurde.

Bei Fall 34 versuchte ich nach Krogius die periphere Analgesie, indem nur oberhalb des Ganglions am Handrücken Cocainlösung gabelförmig injiciert wurde. Da Patientin aber bei der Exstirpation über Schmerzen klagte, wurde auch abwärts vom Ganglion nach den Fingern zu eine gabelförmige Injection gemacht, sodass nun das Ganglion rautenförmig umspritzt war, worauf sich der fibröse Balg völlig schmerzlos exstirpieren liess.

Krogius macht aber auch selbst darauf aufmerksam, dass die Ausdehnung der analgischen Zone bei seiner Methode im Voraus besonders an Unterarm und Unterschenkel schwer zu bestimmen sei und man vor der Operation daher durch Nadelstiche ihre Ausdehnung bestimmen müsse, eine Unterlassungssünde, deren ich mich in diesem Falle allerdings bekennen muss.

Nr. 35 bietet insofern einiges Interesse, als er meinen einzigen Fall von Neurexairese des nerv. supraorbitalis rechts wegen Neuralgie betrifft. Nach cirkulärer Cocaininjection und Aethylchloridbestäubung war die Freilegung des Nerven schmerz-

los, selbst das Anfassen des Stammes zwecks Herausdrehung
aus dem Knochen wurde nicht besonders schmerzhaft empfunden.
Als ich jedoch anfing, den Nerven um die Zange herum und
aus der Tiefe herauszudrehen, klagte Patient sehr und ich
konnte die Ausführung dieser Operation nur der Energie des
Kranken verdanken. Hätte ich unter langsamem Druck auf
den Spritzenstempel in den Nervenstamm selbst die Cocainlösung infiltriert, so würden vielleicht dem jungen Manne die
Schmerzen bei der Neurexairese erspart geblieben sein. Gleichwohl war er noch dankbar genug, da er seine Neuralgie los war.

Unter No. 42 der Tabelle tritt uns ein 36jähriger Kollege
vor die Erinnerung, welcher sich als erster unter lokaler Analgesie seine kleine Umbilicalhernie durch mich radikal beseitigen
liess. Der betreffende Herr klagte bei der Operation nur über
ein „unangenehmes Gefühl“, das ihm der Zug der die Wunde
seitlich auseinander haltenden Wundhaken verursachte, jedoch
nicht über Schmerzempfindung. Vielleicht hätte man dem betreffenden Herrn auch dies ersparen können, wenn die Cocaininjectionen nicht in die straffnarbige Substanz des Umbilicus
selbst, sondern etwas mehr seitlich gemacht worden wären, da man
sich wohl dann eine bessere Wirkung der eingespritzten Cocainlösung hätte versprechen können in der ungezwungenen Vorstel-
lung, dass die Analgesierungflüssigkeit in das den Umbilicus um-
gebende lockere Gewebe leichter einzudringen vermocht hätte.

Bei der Exstirpation des harten, derb fibrösen Stranges
einer Dupuytren'schen Contractur, welche unter Nr. 71 erwähnt ist, war die nach der Krogius'schen Methode versuchte
Analgesierung ebenfalls nicht ganz ausreichend, weshalb distal
eine nochmalige Injection nötig wurde, wodurch die Schmerzlosigkeit ausreichenden Grad erhielt. Bei demselben Herrn wurde
nach gut 2 Wochen eine Dupuytren'sche Contractur an der
linken Hand unter sofortiger Anwendung der cirkulären rauten-
förmigen Analgesierung völlig schmerzlos beseitigt. Bei beiden
Operationen war am Oberarm die Nicaise'sche Binde angelegt.

Auch bei Fall 73, ein Ganglion am Handrücken betreffend,
war das Krogius'sche Verfahren allein nicht ausreichend, da

die vor dem operativen Eingriff angestellte Untersuchung mittels Nadelstiche nicht völlige Analgesie im Bereich des Operationsgebietes ergab, weshalb auch hierbei die distale gabelförmige Injection sich als notwendig erwies, worauf hinreichende Analgesie zur Exstirpation des Ganglions eintrat.

Nr. 79 betrifft den ersten Fall von Fistula ani, der unter regionärer Schmerzlosigkeit zur Operation kam. Hier ist der Grund der nicht befriedigenden Analgesie in der zu geringen Menge der injicierten Flüssigkeit zu suchen, denn in den späteren ähnlichen Fällen, von denen wir einen etwas ausführlicher weiter unten beschreiben wollen, gelang mir die Analgesierung vollkommen.

Bei der Exstirpation multipler Atherome im Nacken eines 27jährigen Herrn ist unter Nr. 90 der Tabelle Erwähnung gethan, dass die erreichte Analgesie nicht völlig befriedigend war. Dies wird sich dadurch erklären lassen, dass es bei dem durch frühere vielfache Incisionen — Patient hatte sehr häufig an furunkulösen Entzündungen im Nacken gelitten — ganz narbig gestalteten und derb harten Hautpartieen es kaum möglich war, die Cocainlösung in gehöriger Weise zu injicieren. Hätte ich damals schon meine Spritze mit Bajonettverschluss gehabt, so wäre es wohl besser gegangen. Gleichwohl war Patient, dessen Nacken, wie erwähnt, schon mehrfach unter dem Messer gewesen war, erfreut über die, gegenüber der früheren, viel weniger schmerzhafte Empfindung beim Schneiden.

Aus demselben Grunde, nämlich der narbigen Verhärtung, erklärt sich auch die stattgehabte Schmerzempfindung bei der Operation des keloidartigen Tumors am Penis unter Nr. 100 der Tabelle; die ganze Zone um den zu entfernenden Tumor war derb sclerosiert.

Bei Nr. 103 finden wir die erste Anwendung des Eucains in 2% Lösung. Wie schon oben erwähnt, klagten die mit purer Eucainlösung behandelten Patienten (104, 105, 108, 109, 110, 112, 113, 116, 117 und 118) über mehr oder weniger heftiges brennendes Gefühl bei der Einspritzung der 2—5% Eucainlösung. In bezug auf die erreichte Analgesie mittels der puren Eucainlösungen sind jedoch die Resultate völlig befriedigende gewesen.

In Fall Nr. 150 handelte es sich um einen 48jährigen Mann mit apfelgrossem, der Mandibula adhärentem Sarcom, bei dessen Entfernung die Anwendung der allgemeinen Narkose wohl besser gepasst hätte. Jedoch wollte der Mann sich nicht chloroformieren lassen. Die Freilegung des Tumors, bei welcher Cocain-Eucain ana 1:100 angewendet wurde, gelang vollkommen schmerzlos; bei weiterem Eindringen in die Tiefe aber musste wiederholt neu injiciert werden, bis wir schliesslich über die Maximaldosis auf 0,06 kamen, ohne dass der Tumor schon völlig exstirpiert war. Wir halfen uns nun mit 1% purer Eucainlösung, die allerdings weniger Brennen verursachte, aber die Empfindung anscheinend auch nicht gehörig genug abstumpfte. Die ganze Operation hatte annähernd zwei Stunden gedauert, da überaus viele Gefässunterbindungen nötig waren. Der Mann schien übrigens nicht sehr empfindlich zu sein, da er nach vollzogener Operation sich freute, dass er auf den Vorschlag der Exstirpation des Tumors in Chloroformnarkose nicht eingegangen wäre. Die Abmeisselung des am Knochen adhärenten Sarcomabschnittes gelang unter der Coc.-Euc.-Einspritzung ins Periost hinreichend schmerzlos.

Die Reihe der in Bezug auf die erreichte Analgesie weniger befriedigenden Fälle beschliesst die in der Tabelle unter Nr. 153 eingetragene Radicaloperation eines linksseitigen angeborenen Scrotalbruches, welchen ich der liebenswürdigen Ueberlassung von Herrn San.-Rat Dr. Cramer hierselbst verdanke. Die Freilegung des Bruchsacks war völlig schmerzlos; jedoch bei der Ablösung des Samenstranges vom Processus vaginalis peritonei klagte Patient über Schmerzen. Dies hätte sich wohl verhindern lassen, wenn einerseits um den Bruchsackhals herum sowie in die angrenzenden Weichteile der Bruchpforte nochmals eine Cocain-Eucain-Einspritzung gemacht worden wäre; doch hatten wir schon die Maximaldosis 0,05 verbraucht. Solche Fälle werden vielleicht vorläufig noch hart an der Grenze der Möglichkeit mittels Coc.-Euc.-Lösungen regionäre Analgesie zu erzielen, liegen, wenn man nicht ein anderes Analgeticum — vielleicht ein weniger brennendes Eucain, das jedoch hierbei nicht zur Verfügung stand — in Anwendung ziehen will. Jedoch auch dieser Patient war dankbar, dass er ohne Chloroformnarkose operiert worden war und gab später auf Befragen den Bescheid kund, dass er sich, wenn es nötig sein sollte, wiederum in derselben Weise operieren lassen würde. Zu erwähnen erübrigt es nun noch, dass auch in einem auf der Tabelle nicht angeführten Falle — der wohl auch nicht dahin gehört — welcher einen Unfallverletzten betrifft, die periphere Analgesie nach der Methode von Krogius zur Anwendung gezogen wurde. Es handelte sich um einen 48jährigen Schlossermeister, bei welchem es im Anschluss an eine schwere Vorderarmfractur rechts zu einer fast völligen Steifheit in den Fingergelenken gekommen war. Es sollte versucht werden, ob es möglich sei, durch Anwendung von Coc.-Euc.-Injektionen ein Brisement in der Metacarpo-phalangeal- sowie in den übrigen Fingergelenken des IV. und V. Fingers ohne erhebliche Schmerzen zu bewerkstelligen. Die analgesierenden Einspritzungen wurden direkt unterhalb des Handgelenks an der dorsalen und volaren Seite quer unter die Haut und in der Nähe der Knochen gemacht und waren wegen der eigentümlich lederartigen Beschaffenheit der nicht in Falten abhebbaren Haut nur mit Hülfe unsrer gut funktionierenden Analgesierungsspritze ausführbar. Nach einigen Minuten Abwartens war es allerdings möglich, die Beugung in den betreffenden Fingergelenken weiter zu treiben, als es ohne die analgesierenden Injectionen gelungen war, jedoch ermunterte das Resultat nicht zu weiteren Versuchen. In solch veralteten Fällen von Fingersteifigkeiten wird man vorläufig demzufolge von der regionären Analgesierung absehen müssen.

Ausserdem sind bei Operationen unter örtlicher Analgesie auch vereinzelte Fälle zur Beobachtung gelangt, bei welchen nach schmerzlosem Verlaufe der Operation selbst beim Schluss der gesetzten Wunde durch die Naht der eine oder andere Nadelstich empfindlich war oder dass die stumpfe Dehnung der Gewebe z. B. bei einer Drüsenexstirpation etwas schmerzte oder ferner dass wir selbst während des Operationsverlaufes den allerdings nicht fest bestimmten Eindruck hatten,

als ob der betreffende Kranke Schmerz empfände, dies jedoch
aus irgend welchen Gründen nicht sagen wollte. Bei diesen
wie gesagt ganz vereinzelt vorgekommenen Fällen von nicht
ganz vollkommener Schmerzlosigkeit kann der Grund entweder
darin liegen, dass die Injectionsweise nicht ganz richtig oder
die Analgesierungsflüssigkeit nicht frisch genug oder auch dass
zu wenig von derselben eingespritzt worden war. Immerhin sind
jedoch auch diese Resultate nicht unbefriedigende zu nennen,
zumal die betreffenden Patienten auf die an sie gerichtete
Frage, ob sie sich erforderlichen Falles nochmals regionär-analgisch
operieren lassen würden, stets mit unbedingtem Ja antworteten.

Nach kritischer Erörterung derjenigen unter lokaler Analgesie operierten Fälle, bei welchen der Grad der erreichten
Schmerzlosigkeit unter der Kranken resp. unsrer Zufriedenheit
mehr oder weniger zurückblieb, wird es nun am Platze
sein, die von uns geübte Methode der lokalen cirkulären Analgesierung eingehend zu erläutern, sodann nach
besonderer Beschreibung einzelner vielgeübter Operationen (Saphenaunterbindung, Operation des eingewachsenen Nagels etc.) und nach Anführung von
Fällen, welche grössere operative Eingriffe betreffen
(Radikaloperationen von Eingeweidebrüchen, Knochen-
operationen, hoher Blasenschnitt), auch die Urteile
einiger Aerzte, die sich vom Verfasser haben operieren lassen,
anzuführen.

Die Technik der cirkulären Analgesierung.

Selbstverständlich wird vor Beginn der analgesierenden
Einspritzung, zu der bald nach Einführung des Eucains, wie
schon vorher erwähnt wurde, eine frische combinierte 1%
Lösung von Cocain und Eucain in vorher gekochtem destillierten
Wasser benutzt wird, das Operationsgebiet gründlich mit Seife
gesäubert und desinficiert. Zur Desinfection pflege ich neben
der gewöhnlich verwendeten Sublimatlösung 1:1000 zumeist eine
3% Carbollösung zu gebrauchen, aus dem Grunde, weil dieselbe
einigen, wenn auch geringen analgesierenden Einfluss ausübt.

Der Punkt für den ersten Einstich der Injectionsnadel
wird ganz zweckmässig, wie es auch Schleich[1]) vorschlägt, vorher durch einen dünnen Aethylchloridstrahl (Aethylchlorid
Bengué in Metallflaschen mit abschraubbarem Verschluss, welche
wieder gefüllt werden können) besonders bei ängstlichen oder
sehr empfindlichen Patienten oder Kindern schmerzlos gemacht.
Zuweilen kommt man aber auch ganz gut ohne diese punktförmige Abkühlung aus; dann aber ist es ratsam, die Kranken
vorher auf diesen kleinen Nadelstich aufmerksam zu machen.

Bei Schleimhäuten wird die Analgesie für den ersten Nadelstich am besten entweder durch Auflegen eines mit einer höher
procentuierten Lösung (etwa 10% Cocain- oder Eucainlösung) be-
feuchteten Gazeläppchens oder durch Auftupfen eines Tröpfchens
von Acid. carbolic. liquefact. (Schleich) mittels feinster Sonde
bewerkstelligt, nach dem vorher die betreffende Schleimhaut-
stelle mit trockner Gaze abgetupft worden ist. Die Schleimhaut wird an der Berührungsstelle mit dem Tröpfchen von der
concentrierten Carbolsäure punktförmig weiss und unempfindlich.

Handelt es sich bei der vorzunehmenden Operation um
irgend eine Extremität, so ist es sehr praktisch, wenn man
den Esmarch'schen Schlauch resp. die Nicaise'sche Gummibinde benutzt; bei den Operationen an Fingern oder Zehen
habe ich zumeist einen etwas über strohhalmdicken Gummischlauch, dessen Enden mittels einer gewöhnlichen Arterien-
klemme festgehalten werden, mit grossem Vorteile gebraucht.
Denn einerseits erleichtert die Blutabsperrung die Operation
selbst und ist von grosser Bedeutung für die schnellere Ausführung derselben, andrerseits erhöht die elastische Umschnü-
rung ganz ohne Zweifel den Grad der Analgesie. Niemals
aber wurde der Esmarch'sche Schlauch aus leicht fasslichen
Gründen bei der Unterbindung und Resection der Vena saphena
in Anwendung gezogen.

Bei der vorher gegebenen Beschreibung der ersten von
mir unter lokaler cirkulärer Analgesie ausgeführten Abscess-
spaltung am Daumenballen mit Entfernung eines Holzsplitters

---

[1]) Schleich: Schmerzlose Operationen. Berlin. 1894.

wurde als weiteres Hilfsmittel zur Erreichung einer völligen Schmerzlosigkeit auch die Kälte herangezogen. Der Grund, warum es zweckmässig ist, nach cirkulärer Einspritzung der Coc.-Euc.-Lösung noch die Kältewirkung des Aethylchlorids sich nutzbar zu machen, liegt darin, dass dadurch sofort die Incision der Haut ganz sicher schmerzlos ist und man sogleich mit der Operation anfangen kann, ohne vorher durch Nadelstiche prüfen zu müssen, ob die Analgesie schon auf die Haut übergegriffen hat, was bei blosser Einspritzung von der Coc.-Euc.- Lösung erst nach einigen Minuten Abwartens, welche Zeit jedoch durch Verwendung einer recht warmen Lösung ganz erheblich abgekürzt werden kann, eintritt. Hat man jedoch Zeit und will etwas warten, so kann man auch ohne Anwendung des Aethylchlorids die Haut schmerzlos incidieren, wie ich es des öfteren schon gemacht habe. Bei ausgedehnteren Operationen sowie bei der Entfernung von grösseren Geschwülsten rate ich jedoch, um auch hierbei keine Minute der so kostbaren Zeit zu verlieren, die Vorteile der Anwendung des Aethylchloridstrahles sich stets nutzbar zu machen, zumal die Beobachtung gelehrt hat, dass nach gemachter cirkulärer Injection der schmerzaufhebenden Flüssigkeit bei den Patienten die nachfolgende Application des Aethylchlorids so gut wie nie Veranlassung zu Klagen über ein brennendes Schmerzgefühl gegeben hat; auch braucht man dann den Aethylchloridstrahl nicht bis zum Erfrieren der Haut auftreffen zu lassen, sondern nur ganz kurze Zeit, bis deutliche Abkühlung erfolgt ist.

Zur klareren Darstellung der jetzt zu beschreibenden und bis zu einem gewissen Abschlusse gebrachten Technik der lokalen cirkulären Analgesierung selbst wird es wohl am besten sein, wenn wir den Operationsverlauf an einem concreten Beispiel erläutern und hierzu die Unterbindung eines Gefässes in der Continuität, etwa die von meinem früheren hochverehrten Chef Herrn Geheimrat Trendelenburg erdachte und veröffentlichte Operation zur Heilung der Krampfaderbeschwerden benutzen, zumal ich diese Gefässunterbindung, wie die tabellarische Uebersicht zeigt, bis jetzt 73 mal unter lokaler Schmerzlosigkeit ausführen konnte.

Hat bei A (siehe Fig. 4) der Aethylchloridstrahl punkt
förmige Analgesie hervorgerufen, so wird daselbst die Nadel
der gefüllten Injectionsspritze eingestochen und unter der Haut

Fig. 4.

zunächst in der Rich-
tung nach D bei stetigem
mehr oder weniger sanf-
tem Druck auf den
Stempel der Spritze her-
geführt und zwar so,
dass der aus dem Schlitze
der Hohlnadelspitze her-
vorquillende Tropfen
der analgesierenden
Flüssigkeit gleichsam
erst das Gewebe vor sich
herdrängt; sodann wird
die Nadel zurückgezogen
und nun in gleicher
Weise in der Richtung
nach C hin die Ein-
spritzung vorgenommen.
Darauf wird vom vorher
durch Aethylchlorid wie-
derum analgisch ge-
machten Punkte B aus
nach D und C hin die
Coc.-Euc.-Lösung in

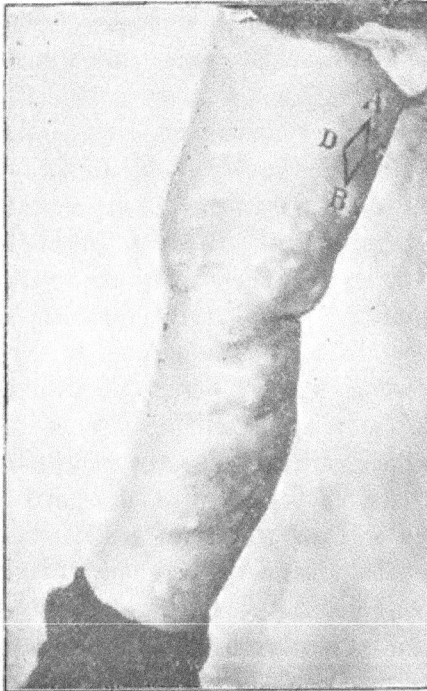

Enorme Krampfadern am r. Beine. A und B sind
die Einstichpunkte für die Injectionen, die Linien
geben die Richtung für die Einspritzungen an.

gleicher Weise injiciert. Damit die analgesierende Flüssigkeit
bis in die Nähe der Fascie kommt, ist es notwendig, dass die
Nadelspitze bei ihrer Führung nach den beiden seitlichen Punkten
D und C hin etwas gesenkt wird, was je nach der Dicke des
Panniculus adiposus mehr oder weniger zu geschehen hat.
Sodann wird ein mit 3% Carbollösung nass getränkter Gaze-
lappen von etwa Handtellergrösse auf die Operationsstelle gelegt
und die letztere mit demselben noch etwas abgewaschen, da
mitunter der eine oder andere Stichkanal blutet. Ohne länger

zu warten, wird darauf der Aethylchloridstrahl in der Richtung des gedachten Einschnittes auf und ab bewegt und zwar ist dies nicht so lange nötig, bis die bespritzte Stelle weiss wird, sondern nur so lange, bis sie sich kalt anfühlt. Der jetzt auszuführende Schnitt, sowie die Freilegung der Vene, deren doppelte Unterbindung mit dünner Seide nebst Resection des 1—2 cm langen Zwischenstückes wird, wenn die Analgesierung in der angegebenen Weise unter Innehaltung der geschilderten Massnahmen vorgenommen worden ist, von dem Kranken ohne jedweden Schmerz ertragen. Befragt, ob er Schmerzen empfinde, giebt der Kranke meist an, dass er nur spüre, dass etwas an seinem Beine gemacht würde, ohne dass er im Stande sei, dieses näher schildern zu können. Auch die Naht der kleinen Wunde, welche die Operation beschliesst, ist dann völlig schmerzlos, da mittlerweile die Cocain-Eucain-Injection ihre analgesierende Wirkung auch auf den umschlossenen Hautbezirk ausgedehnt hat. Da das Operationsgebiet betreffs seiner anatomischen Beschaffenheit so gut wie keine Veränderung durch die analgesierenden Einspritzungen erfährt, so verläuft die Operation selbst so, als wenn sie unter allgemeiner. Narkose des Patienten gemacht würde.

Zuweilen kommt es jedoch vor, dass der eine oder andere Nadelstich beim Verschliessen der Wunde durch die Naht einen geringen schnell vorüber gehenden Schmerz auslöst, was aber seitens der betreffenden Patienten niemals Veranlassung zu einer besonderen Klage gegeben hat.

In ganz seltenen Fällen, wo nämlich das Unterhautfettgewebe in ganz ungewöhnlicher Dicke entwickelt ist, hat es sich als nötig erwiesen, in der Tiefe der Wunde nochmals Analgesierungsflüssigkeit zu injiciren.

Die geschilderte Operation der Saphenaunterbindung habe ich seit Juli 1894 bis jetzt, wie schon gesagt, 73 mal ausgeführt und ich bin der Ansicht, dass eine Erreichung dieser, für eine blosse Privatpraxis verhältnismässig hohen Zahl, ausser durch die guten, durch die Operation selbst erzielten Erfolge, welche in schneller Heilung der etwa vorhandenen Geschwüre und in Verminderung wenn nicht völliger Beseitigung der früheren Schmerzen und Beschwerden bestehen, nicht zum wenigsten auch dadurch ermöglicht wurde, dass zu ihrer Ausführung stets die regionäre Analgesie herangezogen wurde.

Ueber die Zeit, wie lange die Analgesie anhielt, habe ich mir keine Notizen gemacht: in allen Fällen wurde die Operation schmerzlos zu Ende geführt und erst etwa eine halbe bis eine Stunde, in vielen Fällen erst nach Verlauf mehrerer Stunden nach Vollziehung der geschilderten Operation, wurde von den betreffenden Kranken angegeben, dass sie ein leises Kriebeln oder Brennen an der Operationsstelle verspürten. Ein Herr (Nr. 87), welchem die Vena saphen. magna an beiden Beinen unter regionärer Analgesie an einem Vormittage unterbunden wurde, sagte mir spontan beim Besuche am Abend „er spüre jetzt erst an einem leisen Kriebeln, dass er heute Morgen operiert worden sei." Dieses Factum wollte ich nur deshalb anführen, um zu bekräftigen, dass die Schmerzlosigkeit unter Umständen recht lange anhalten kann.

Fig. 5.

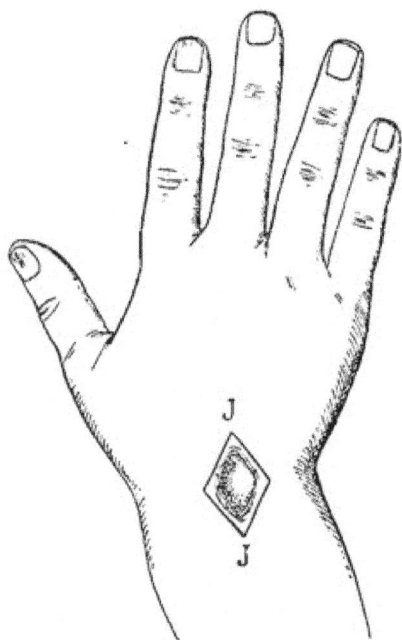

Analgesierungsfigur zwecks Exstirpation eines Ganglions. J J sind die Einstechungspunkte für die Nadel.

Die Exstirpation kleiner Tumoren (Atherome, Drüsen, Lipome, Fibrome, Ganglien etc.) kann natürlich in analoger Weise vorgenommen werden, wie es bei der Unterbindung der Vena saphena beschrieben wurde. Auch hierbei wird in cirkulärer Weise und zwar meist in Rautenform — sodass man nur zweier Einstechungspunkte bedarf, — die analgesierende Flüssigkeit um die zu entfernende Geschwulst (siehe Figur 5) herumgespritzt und nach Aethylchloridbestäubung in der Richtung des gewollten Einschnittes die Incision der Hautdecken (mit oder ohne Entfernung einer Hautspindel) und dann die Exstirpation vorgenommen. Sitzen die zu entfernenden Geschwülste an den Extremitäten, so wird stets mit grossem Vorteil auch die Anlegung des Esmarch'schen Schlauches resp. der Nicaise'schen Binde verwendet werden können.

Dass die cirkuläre Analgesierungsmethode, welche in den jetzt noch besonders zu besprechenden Fällen mit der von Krogius veröffentlichten „peripheren Analgesie" identisch ist, gerade bei operativen Eingriffen an den Fingern und Zehen von ganz hervorragender Bedeutung ist, rechtfertigt wohl zur Genüge, solche Operationen noch speciell zu beschreiben.

Die Incision eines so schmerzhaften Panaritiums oder die Extraction von in die Finger eingedrungenen Fremdkörpern (Nadeln, Holzsplitter, Porzellan — oder Glasscherben etc.) die Ausführung der frischen oder secundären Sehnennaht sowie ferner die Amputation oder Exarticulation von

Fig. 6.

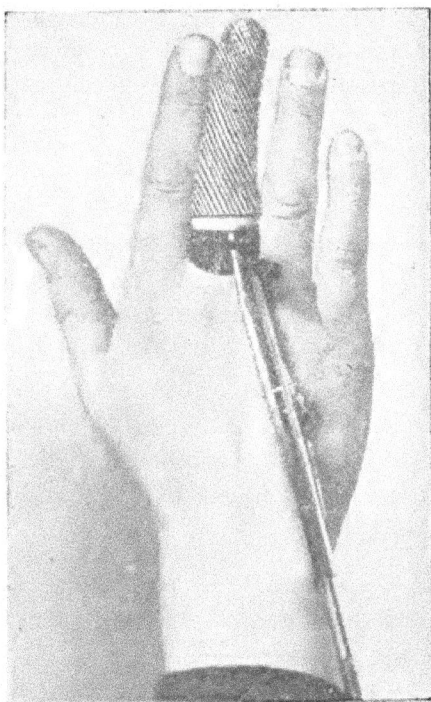

Die quere Linie am Mittelfinger zeigt den Sitz des Injectionsringes, die Schraffierung die Ausbreitung der Schmerzlosigkeit an.

Fingergliedern selbst wird in der Weise unter regionärer Schmerzlosigkeit vorgenommen, dass ein kleiner dünner Gummischlauch durch eine Schieberpincette an seinen Enden zusammengehalten, um das Grundglied des betreffenden Fingers herumgelegt wird (siehe Fig. 6) und sodann am Grundglied selbst oder auch in der Höhe des zweiten Gliedes — je nach dem Sitze der Affection — eine circuläre Injection der analgesierenden Flüssigkeit sowohl subcutan als auch in des Knochens Nähe ringsherum gemacht wird, worauf nach einigen Minuten Abwartens, was durch eine sofort der Einspritzung folgende Anwendung des Aethylchloridstrahles wiederum vermieden werden kann, stets völlige Analgesie distal vom Injectionsringe eintritt. Die Einspritzung der schmerzaufhebenden Lösung kann um die Phalanx herum ganz gut von nur zwei Einstichpunkten aus vorgenommen werden, wenn man diese beiden Stellen so wählt, dass sie — im Horizontaldurchschnitt gedacht — einander diametral gegenüber zu liegen kommen.

Auch Krogius hebt als ganz besonderen Vorzug dieser Art der Analgesierung hervor, dass die schmerzaufhebende Einspritzung z. B. bei den Panaritien weit ab von der entzündeten und in ihrer Schmerzempfindlichkeit aufs höchste gesteigerten Gewebspartie vorgenommen wird. Auf die geschilderte Weise wurde unter anderen einem 19jährigen Schlossergehülfen (Nr. 56) das zweite und dritte Glied des rechten Zeigefingers, welche infolge einer schweren Verletzung brandig geworden waren, im ersten Fingergelenk absolut schmerzlos entfernt, obschon der betreffende junge Mann bei der Untersuchung des zu amputierenden Fingers sich als sehr empfindlich gezeigt hatte.

Die Vornahme der lokalen Analgesierung zwecks Exstirpation der Dupuytren'schen Contractur erklärt wohl am einfachsten nachstehende Figur 7.

In gleicher Weise wie bei den Fingern wird auch die Analgesierung an den Zehen bewerkstelligt, indem nach Anlage eines dünnen Gummischlauches um das Grundglied der

betreffenden Zehe unter Benutzung von nur zwei Einstichpunkten die analgesierende Flüssigkeit ringsum um die Phalanx eingespritzt wird. Hier kommt besonders häufig die Operation des eingewachsenen Nagels in betracht. Wie die tabellarische Uebersicht er-
giebt, konnten viele
Patienten, die wegen
eines solchen Leidens
entweder kurz vor oder
auch während der
Sprechstunde örtlich
schmerzlos operiert wor-
den waren, bald nach
der Operation nach An-
legung eines kleinen
Verbandes ohne irgend
welchen Schmerz zu
verspüren nach Hause
gehen (24, 69, 84, 96,
121, 142, 168, 182,
183).
Recht drastisch schil-
dert die bei diesen Ope-
rationen erzielte Anal-
gesie die bei einer
24jährigen jungen Frau
gemachte Beobachtung.
Die betreffende Frau

Fig. 7.

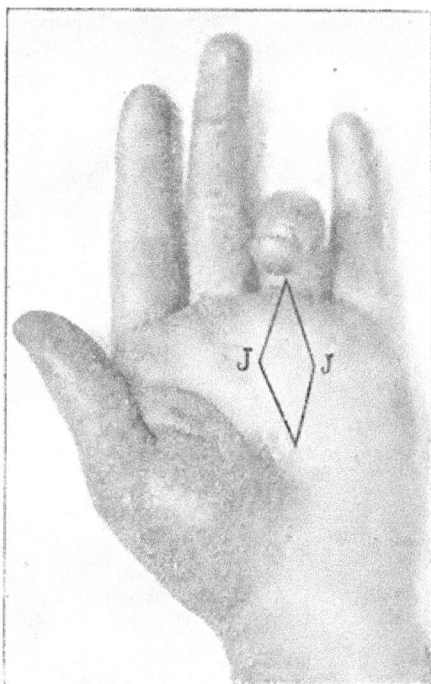

Analgesierungsfigur zur Exstirpation einer Dupuytren'schen Contractur; J J sind die Einstichpunkte
für die Nadel.

war überaus ängstlich und spannte geradezu auf den Akt des
Herausreissens des eingewachsenen Nagels an der linken grossen
Zehe. Als ich nach Extraction des Nagels mich anschickte,
den kleinen Verband anzulegen, fing die betreffende Frau in
dem Glauben, jetzt würde mit der Operation begonnen, laut
an zu schreien: es war schwer, ihr beizubringen, dass die
Operation schon längst gemacht sei und nur die vollständige
Anlegung des Verbandes konnte sie beruhigen.

3*

Will man einem besonderem Wunsche des Kranken entsprechend nur die eine der Einwachsungsstelle zugekehrte Hälfte
des Nagels entfernen, so hat man nicht nötig, um die ganze
Grundphalanx herum die analgesierende Einspritzung zu machen, sondern man braucht
die Injection nur in der Weise vorzunehmen,
wie es in Fig. 8 ange-
deutet ist. Die Nadel
wird am Punkte J einge-
stochen und nach links
und rechts, während
die Nadel bis auf den
Knochen geführt wird,
die Coc.-Euc.-Lösung
injiciert.

Fig. 8.

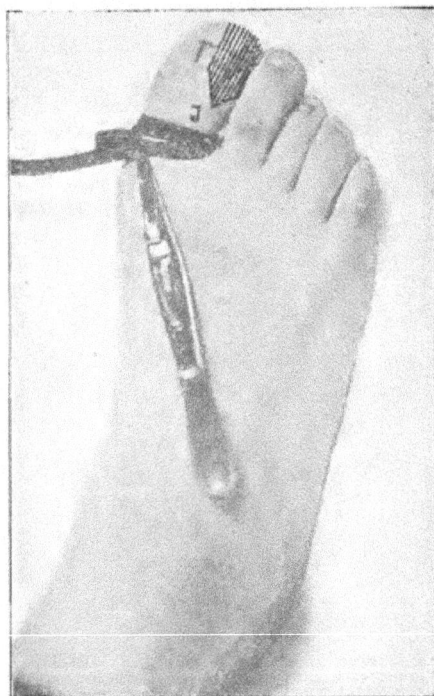

J bedeutet den Einstichpunkt, die gabelförmig gestellten Linien die Injectionsrichtung, die Schraffierung die Ausbreitung der Analgesie.

Bei der Exstir-
pation von grösseren Tu-
moren d. h. von etwa
Faustgrösse und darü-
ber, wird man selbstver-
ständlich mit zwei Ein-
stechungspunkten für
die analgesierende Injec-
tion nicht auskommen,
sondern man bedarf deren mehr, um sämtliche zu der Geschwulst
führenden Nervenstämme mit der schmerzaufhebenden Flüssigkeit in Contact zu bringen. So waren bei der schmerzlosen
Exstirpation eines abgekapselten Parotistumors (Nr. 129) drei
Einstichstellen erforderlich, während bei einem etwa faust-
grossen fluctuierenden Atherom am Hinterhaupte einer 60jährigen
Dame deren vier gemacht werden mussten, um die athero-
matöse Geschwulst mit einem analgesierenden Ringe zu um-
geben. Die betreffende Dame war durch die schmerzlose Aus-

führung der Exstirpation des grossen Atheroms, vor welcher
sie schon jahrelang gebangt hatte, so froh bewegt, dass sie
erklärte, „sie freue sich überaus darüber, dass sie nicht in der
sogenannten guten alten Zeit lebe, sondern in einer solchen,
in der es möglich sei, operative Eingriffe ohne allgemeine Narkose schmerzlos zu gestalten."

Auch zur Entnahme von Thiersch'schen Oberhautläppchen
zum Zwecke der Transplantation ist die cirkuläre Analgesierungsmethode wohl geeignet. Das Verfahren wird wohl durch die
beigegebene Figur 9
völlig genügend erläu-
tert. In solchen Fällen
wird man jedoch von der
Verwendung des Aethyl-
chloridstrahles immer
Abstand nehmen müs-
sen, da durch die Kälte-
wirkung die oberfläch-
lichen Epithelschichten
wohl mehr oder weniger
in ihrer vitalen Energie
geschädigt werden und
transplantiert eventuell
nicht anheilen, eine Vor-
stellung, die auch für
mich bestimmend war,
in einem Falle von Haut-
Transplantation nach
Thiersch (Nr. 190) das
Aethylchlorid nicht zu
verwenden, sondern
einige Minuten abzu-
warten, bis völlige Anal-
gesie eingetreten war, die nach Vornahme der cirkulären Injection von Cocain-Eucain-Lösung prompt erfolgte. Aus dem
gleichen Grunde wurde auch die Haut am Oberarm des be-

Fig. 9.

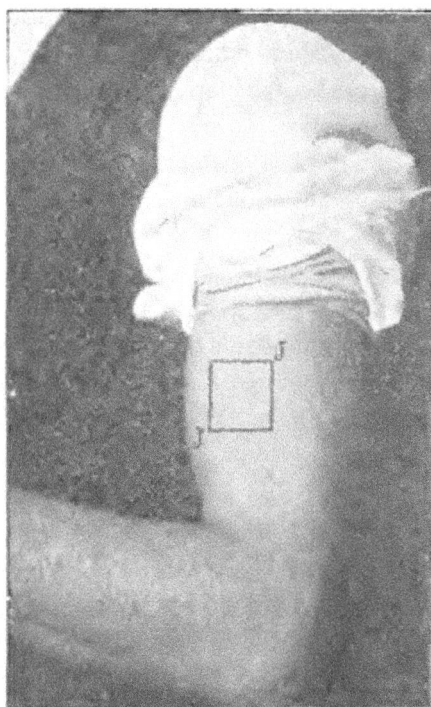

J J bedeuten die Einstichpunkte.

treffenden Herrn nicht mit 3% Carbollösung desinficiert, sondern nur abgeseift und die Seife mit abgekochtem Wasser
entfernt.

Dass auch bei Operationen am Penis dasselbe Princip
für die Analgesierung gute Dienste leistet, liegt, wie auch
Krogius mit Recht berichtet, auf der Hand. Jedoch habe
ich bei Operationen dieser Gegend niemals den Gummischlauch
angelegt. Hierbei führt uns recht klar den Vorteil der lokalen
Schmerzlosigkeit die Erfahrung vor die Augen, welche uns Fall
132 der Tabelle bietet, wobei es sich um einen 4 jährigen
Knaben handelte, welcher sich bei der Operation seiner Phimose
zum Erstaunen des bei der Operation anwesenden Vaters und
Kollegen absolut ruhig verhielt. Die Einstichstelle für die Nadel
war durch Aethylchlorid schmerzlos gemacht, die analgesierende
Injection selbst wurde dicht oberhalb der Mitte des penis cirkulär und subcutan ausgeführt. Ohne Zweifel würde wohl der
Kleine, wenn er bei der Operation Schmerzen gespürt hätte,
sich gewehrt oder doch wenigstens geschrieen haben.

Will man in solchen Fällen nur eine einfache Spaltung
machen oder ein kleines dorsales Läppchen bilden, so genügt
es auch, wenn man die analgesierende Einspritzung gabelförmig
dicht oberhalb des Praeputiums selbst macht.

Bei acut entzündlichen, nicht zu ausgedehnten Prozessen
(Furunkel, Karbunkel, Drüsen- oder Fremdkörperabscesse) wird
in gleicher Weise wie bei der Exstirpation von Tumoren die
analgesierende Einspritzung rings um den Abscess im gesunden
Gewebe gemacht. Bei der Punction oder Incision von langsam zur Entwickelung gekommenen sogenannten Congestions-
abscessen braucht man jedoch keine cirkuläre Injection zu
machen, sondern es wird genügen, solche Abscesse unter Anwendung der Reclus'schen Analgesierung oder der Schleich-
schen Infiltration zu operieren.

Bei der Excision von Tumoren an den Lippen leistet die
cirkuläre Analgesierung ebenfalls sehr gute Dienste. Die bei
dem 73 jährigen Herrn (Nr. 13) gemachte mehr oben geschilderte
Erfahrung konnte im Fall 45, welcher ein Fräulein von etwa

57 Jahren mit einer kleinen Geschwulst an der linken Ober-
lippe (Adenom) betraf, zur Nutzanwendung gezogen werden. Etwas nach aussen von der Spitze des zu entfernenden Lippenkeiles
ausgehend, wurde zu
beiden Seiten des Tu-
mors bis ins Lippenrot
nach vorheriger punkt-
förmiger Analgesierung
der Einstichstelle durch
Aethylchlorid die Coc.-
Euc.-Einspritzurg ge-
macht, (Figur 10 illu-
striert schematisch die
Analgesierung bei der
Excision eines Lippen-
tumors) nachdem vor-
her die innere Schleim-
hautseite trocken abge-
tupft und mit einem in
10% Cocainlösung ge-
tränkten Gazeläppchen
analgisch gemacht wor-
den war. Bei der nun
folgenden keilförmigen
Excision der Geschwulst
im gesunden sowie bei
der Naht der frischen

Fig. 10.

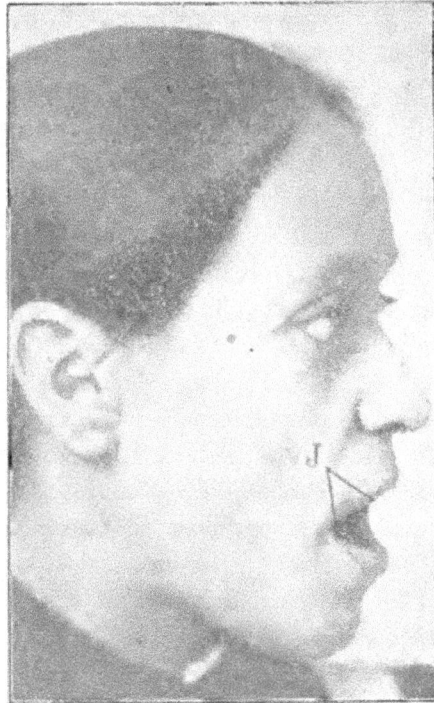

J ist Einstichpunkt für die Nadel, die gabelförmigen
Linien geben die Richtung für die Injection an.

Wunde hat die Dame nach eigner Aussage keine Schmerzen
verspürt.

Auch bei der Excision der Hämorrhoidalknoten wird die
geschilderte Analgesierungsmethode vortreffliche Dienste leisten,
wenn man es nicht vorzieht, durch Carbolinjectionen die Rück-
bildung derselben zu erstreben, eine vorzügliche Methode der
Hämorrhoidenbeseitigung, welche bei besonders empfindlichen
Patienten durch eine kleine Coc.-Euc.-Injection nach unseren Erfahrungen ebenfalls völlig schmerzlos vorgenommen werden kann.

Einige grössere Operationen und besonders mitteilenswerte Fälle.

Die Schilderung der lokalen cirkulären Analgesierungsmethode wird unzweifelhaft noch an Klarheit und Verständlichkeit gewinnen, wenn wir die Anwendung derselben bei noch einigen concreten grösseren Operations-Eingriffen sowie bei einigen sonstigen Fällen, die den Wert der Methode besonders deutlich illustrieren, einer weiteren Besprechung unterwerfen. Wie die hinten angefügte tabellarische Uebersicht ersehen lässt, kamen von Eingeweidebrüchen in der Leisten- resp. Schenkel- und Nabelgegend zehn Fälle unter regionärer Schmerzlosigkeit zur Operation und zwar waren darunter fünf eingeklemmte (33, 53, 68, 81 u. 199), zwei irreponible (133 u. 164) und die drei übrigen (42, 153 u. 207) freie Brüche. Von den 5 eingeklemmten Hernien erlaubte in 2 Fällen (53 u. 81) die anatomische Beschaffenheit des Bruchinhaltes den Anschluss der Radikaloperation an den Bruchschnitt selbst, während dies in den drei anderen Fällen (33, 68 u. 199) nicht angängig war. Von diesen Bruchoperationen sind schon drei Fälle (33, 42 u. 153) näher besprochen worden, sodass nur noch die restierenden 7 Fälle (4 eingeklemmte, 2 irreponible Brüche und 1 freier Bruch) einer kurzen Erläuterung bedürfen. Bei allen diesen Patienten wurde etwa 10 Minuten vor Beginn der analgesierenden Massnahmen eine subcutane Morphiuminjection von 0,015—0,02 (je nach der Constitution des einzelnen Kranken) gemacht; nur bei der Radicaloperation des freien Nabelbruches bei einem 4½jährigen Kinde wurde keine Morphiuminjection gemacht.

Fall 53 betraf eine 30jährige hagere Frau mit einem Hühnereigrossen seit 24 Stunden eingeklemmten rechtseitigen Schenkelbruch, bei welchem sowohl die Herniotomie als auch die kombinierte Radicaloperation (Versorgung des Bruchsacks nach Kocher-Berger, Pfortennaht nach Bassini) zur völligen Zufriedenheit seitens der Patientin schmerzlos ausgeführt wurde. Auch in diesem Falle konnte wiederum die Beobachtung ge-

macht werden, dass der eingeklemmte Dünndarm gegen das
blosse Anfassen unempfindlich war, während ein Ziehen an
demselben kolikartige Schmerzen auslöste. Unter Nr. 68 wird uns ein Fall von Umbilicalhernie vor
die Erinnerung gebracht, der in seinem Operationsverlaufe keine
Besonderheiten bietet; wegen der Möglichkeit des Eintritts von
Gangrän an der incarceriert gewesenen Darmschlinge wurde
die Radicaloperation nicht angeschlossen.

Fall 81 bot fast die gleichen Verhältnisse wie die bei
Fall 53 beschriebenen und wurde in gleicher Weise zur Zufriedenheit und unter guter Toleranz der Kranken analgisch
operiert.

Der Radicaloperation eines irreponiblen hühnereigrossen
linksseitigen Schenkelbruches bei einem 23jährigen Fräulein, bei
welcher wegen deren besonderen Aengstlichkeit auch die In-
jectionsstiche durch Aethylchlorid schmerzlos gestaltet wurden,
ist unter Nr. 164 Erwähnung gethan. Nach Freilegung des
Bruchsacks wurde am Bruchsackhalse eine cirkuläre, oberhalb
der Bruchpforte eine gabelförmige Coc.-Euc.-Injection gemacht,
worauf die combinierte Radicaloperation (Kocher-Berger resp.
Bassini), ohne dass Patientin auch nur über den geringsten
Schmerz zu klagen hatte, ausgeführt wurde.

In Fall 199 handelte es sich um den unter lokaler
Schmerzlosigkeit ausgeführten Bruchschnitt eines etwa faust-
grossen eingeklemmten Leistenbruches bei einem 75 Jahre alten
relativ rüstigen, korpulenten Herrn. Da der frisch eingeklemmte
Bruch wiederholten Repositionsversuchen selbst in Beckenhochlagerung des Patienten und unter Anwendung aller sonstigen
Massnahmen der Zurückschiebung trotzte, wurde nach cirkulärer Analgesierung der Bruchsack schmerzlos freigelegt, worauf
nach erneuter gabelförmiger Coc.-Euc.-Injection am oberen Teile
der Bruchpforte die letztere von aussen eingeschnitten wurde,
worauf sich der Bruchinhalt ohne Eröffnung des Bruchsackes
selbst alsbald in die Bauchhöhle zurückschieben liess. Der
alte Herr, welcher die Repositionsversuche vor der Operation
des Bruches als sehr schmerzhaft empfunden hatte, war sehr

erstaunt und freudig bewegt, dass er bei der Bruchoperation
selbst keine Schmerzen mehr zu ertragen hatte. In Berücksichtigung des hohen Alters des Patienten wurde die Radicaloperation nicht angeschlossen, sondern die gesetzte Wunde
vernäht und ein komprimierender Verband angelegt. Patient
konnte am Schluss der zweiten Woche nach der Operation,
mit einem gut sitzenden Bruchbande versehen, das Bett wieder gesund verlassen.

Der kombinierten Radicaloperation eines über wallnuss-
grossen Nabelbruches bei einem 4½jährigen Kinde ist unter
No. 207 Erwähnung gethan. Hierbei wurde in Berücksichtigung der früher gemachten, weiter oben geschilderten Erfahrung die analgesierende Einspritzung in cirkulärer, rautenförmiger Weise um den Bruch und den Umbilicus selbst vorgenommen, worauf nach rautenförmiger Injection in die Weichteile der Bruchpforte die Radicaloperation unter hinreichender
Toleranz des sehr ängstlichen Kindes zu Ende geführt werden
konnte.

Der nunmehr an letzter Stelle zu erwähnende Fall von
linksseitigem nicht völlig reponiblen Leistenbruch (133) bietet
insofern grösseres Interesse dar, als er einen etwa 27 Jahre
alten Arzt betrifft. Auch hierbei konnte man die Unempfindlichkeit des nicht analgesierten Netzes gegen die Unterbindung
und Abtragung eines etwa fingerlangen Stückes constatieren,
während der Zug und die Reposition des durch unvermutetes
plötzliches Pressen vorgefallenen Netzabschnittes heftige kolikartige Schmerzen auslöste, sodass die Reposition dieses vorgefallenen grossen Netzabschnittes nur in Pausen ausgeführt
werden konnte. Bei der Radicaloperation, welche in der von
uns geübten combinierten Weise ausgeführt wurde, hatte der
Herr Kollege nicht über Schmerzen zu klagen; der Heilverlauf
war zu unserer Freude ebenfalls ein ungestörter.

Aus diesen Beobachtungen an 10 Bruchoperationen unter
regionärer Analgesie haben wir gelernt, dass man einerseits am
Darm ja nicht zu viel manipulieren soll, da dies dem Goltz'schen
Klopfversuche entsprechend sehr unangenehme Wirkungen auf

die Herzthätigkeit ausübt und heftige kolikartige Schmerzen
auslöst, andrerseits aber auch stets darauf Acht haben soll, dass
nach Eröffnung des Bruchsackes und eventueller Erweiterung
der Bruchpforte keine Eingeweide aus der Bauchhöhle heraus-
gepresst werden, da deren Reposition nach unseren Erfahrungen
stets mehr oder weniger heftige Schmerzen auslöst. Es wird
daher stets geraten sein, die betreffenden Patienten in Trendelenburg'scher Beckenhochlagerung zu operieren und dieselben darauf aufmerksam zu machen, nicht allzusehr „zu pressen."
Betreffs der Coc.-Euc.-Injection ist es ratsam, von vorn-
herein möglichst sparsam mit der Injectionsflüssigkeit umzu-
gehen — natürlich nicht so, dass dabei der Eintritt einer völligen
Analgesie in Frage gestellt werde —, damit man nicht schon
die Maximaldosis des Cocains erreicht hat, ehe auch der Bruchsackhals und die Bruchpforte analgesiert ist. Hieraus ergiebt
sich, dass schon allein die Grösse und Ausdehnung der Ein-
geweidebrüche der Anwendung der Operation unter lokaler
Schmerzlosigkeit nach dem cirkulären Analgesierungsverfahren
vorläufig eine Grenze zu setzen vermag.

Fassen wir nun zwecks besserer Klarlegung die bei der
Herniotomie resp. bei der Radicaloperation eines Eingeweide-
bruches anzuwendenden Massnahmen nochmals kurz zusammen,
so wird nach Reinigung und Desinfection der Operationsgegend
die Bruchgeschwulst subcutan in cirkulärer Weise in solcher
Ausdehnung mit der Analgesierungsflüssigkeit umspritzt, dass
der ganze Bruchsack schmerzlos freigelegt werden kann. Gegebenen Falles wird sodann der Bruchinhalt reponiert und
wenn es sich um eine Ablösung des funicul. spermat. von dem
Bruchsack handeln sollte, am Bruchsackhalse eine weitere cirkuläre Injection gemacht. In vielen anderen Fällen und besonders bei mageren Patienten ist jedoch diese letztere Einspritzung entbehrlich, sodass man zwecks Ausführung der
Radicaloperation nur die angrenzenden Weichteile der Bruchpforte, soweit sie durchschnitten und vernäht werden müssen,
mit der Cocain-Eucain-Lösung cirkulär zu umspritzen braucht.
Ausser auf die stetige Verwendung des Chloräthylstrahles für

den Hautschnitt möchte ich nochmals besonders darauf aufmerksam machen, sich bei all diesen Operationen die Vorteile der Trendelenburg'schen Beckenhochlagerung nutzbar
zu machen.

In zwei Fällen von Blinddarmentzündung (115 u. 138)
konnte das Verfahren der cirkulären Analgesierung, was wenigstens die Haut, das Unterhautzellgewebe und die oberflächlichen
Muskelschichten betrifft, mit gutem Vorteil angewendet werden.
Die Incision wurde in den beiden Fällen so ausgeführt, wie
dieselbe bei der Unterbindung der Arteria iliaca gebräuchlich
ist. Die tieferen Partieen der Muskulatur sowie die entzündlich verdickten Schwarten nach der Blinddarmkuppe resp. dem
Wurmfortsatz zu wurden nach der Reclus'schen Methode analgesiert. In beiden Fällen wurde der Eiter gefunden, nach
dessen Entleerung die Drainage die Heilung herbeiführte.

Der Schilderung wert und zur Beurteilung der Anwend-
barkeit der regionären Analgesie geeignet ist wohl auch die
Operation des hohen Blasenschnittes, welche einen etwa 30 jährigen
Herrn (Nr. 72) betraf, der seit längerer Zeit an Cystitis, verursacht durch einen Stein, litt. Nach vorheriger Injection von
Morphium 0,02 und nach Ausspülung der Blase erst mit abgekochtem Wasser, dann mit einer Antipyrinlösung (3 : 1000),
von welcher gut 200 gr in der Blase belassen wurden, geschah
die Freilegung der Blase bei Beckenhochlagerung des Patienten
durch Längsschnitt über der Symphyse in der Linea alba unter
völliger Analgesie; nach stumpfem Zurückschieben der Peritoneal-
falte wurde an der vorderen Blasenwand nach der Symphyse
zu eine Cocaininjection gemacht, worauf an dieser Stelle ein
kräftiger Seidenfaden durchgelegt wurde, der als Halteschlinge
zum Emporziehen der Blase aus der Tiefe diente. Nach Fest-
legung dieser Schlinge wurde die Blase leicht in die Höhe gezogen und dann die analgesierende Injection in die vordere
Blasenwand gemacht. Sodann folgt kleine quere Incision der
Blasenwand, schnelle Einführung des linken Zeigefingers durch
die Schnittwunde, aus der die Antipyrinlösung hervorsprudelt,
in die Blase, worin der Stein lose liegt. Unschwer gelingt

es, denselben mit dem hakenförmig gekrümmten Finger zu fassen und mittels einer schlanken Kornzange zu entfernen. Der Heilverlauf war ungestört; nach 14 Tagen konnte der Kranke das Bett wieder verlassen. Die Analgesie war bei einem Verbrauch von 0,06 Cocain eine völlig ausreichende. Nur bei dem Ergreifen des Steines mit dem eingeführten Finger, dem Suchen nach anderen eventuell noch vorhandenen und bei dem gleichzeitigen schnellen Abtasten der entzündlich gereizten Schleimhaut der Blase, welche durch die von französischer Seite hierzu empfohlene Antipyrinausspülung jedenfalls nicht völlig genug unempfindlich geworden war, klagte der Patient; doch dauerte dieser Operationsakt nur wenige Augenblicke. Unter allen Umständen behauptete der betreffende Herr, würde er sich wiederum, falls es nötig sein sollte, unter örtlicher Analgesie operieren lassen.

Einige Worte können wohl auch gesagt werden über den Operationsverlauf bei Fall 149, welcher einen 62 jährigen Herrn betraf, bei dem die einseitige Castration wegen Testistuberculose unter cirkulärer Analgesierung ausgeführt wurde, da die Anwendung der allgemeinen Narkose wegen einer bestehenden Herzaffektion und chronischer Bronchitis nicht angängig war. Nach schmerzloser Freilegung des rechten etwa orangengrossen Testikels wurde in den Funiculus spermaticus eine Coc.-Euc.-Injection gemacht und dicht unterhalb der Injectionsebene die Durchstechungsligatur und die Abtragung des Samenstranges bewerkstelligt.

Zur Charakteristik des Gemütszustandes dieses Patienten möge die Bemerkung dienen, dass derselbe nach Beendigung der Operation spontan danach verlangte, dass man das exstirpierte Organ durchschneiden möge, um nachzusehen, ob auch die Diagnose stimme, wovon er sich, da er als Pächter eines grossen Domanialgutes in solchen Dingen einige Kenntnisse besass, selbst überzeugen konnte.

Recht gut illustrieren ferner die Zweckmässigkeit der lokalen cirkulären Analgesierung drei nach dieser Methode operierte Kranke mit eitrigen Knochenaffektionen.

Bei dem ersten Patienten handelte es sich um einen 33jährigen Herrn, bei welchem eine am oberen Ulnaende des rechten Vorderarmes befindliche lokale Tuberculose eine eitrige Zerstörung dieses Knochens mit Fistelbildung veranlasst hatte. Nach cirkulärer rautenförmiger Coc.-Euc.-Einspritzung, welche Zusammensetzung beider analgesierender Substanzen hierbei zum ersten Male zur Verwendung kam, wurde nach Anlegung der Nicaise'schen Binde am Oberarm unter schmerzloser Umschneidung der Fistelöffnung das obere Ulnaende freigelegt; in der Tiefe der Wunde wurde zwecks Analgesierung eine erneute Injection ins Periost nötig, worauf die Knochenhaut schmerzlos abgelöst und der Fistelgang im Knochen mittels Hohlmeissels und Hammers erweitert wurde. Nach zuerst schonender Auslöffelung wurde die Knochenhöhle wiederholt mit 5% Eucainlösung ausgetupft und sodann mit dem scharfen Löffel energisch ausgekratzt. Die nun entstandene etwa taubeneigrosse Höhle im Knochen wurde sodann, da es sich um einen tuberculösen Prozess handelte, mit einem hellglühenden Platindraht ausgebrannt, bei welchem Akte der betreffende Herr nur „ein angenehmes Wärmegefühl" zu verspüren erklärte.

Die ganze Operation bis zum Schluss der Wunde durch Tamponade und Naht dauerte etwa ³/₄ Stunde, während 0,04 gr Cocain und Eucain eingespritzt wurde. Die Menge des in 5% Lösung zum Austupfen der Knochenhöhle gebrauchten Eucains konnte nicht mit Sicherheit festgestellt werden, was wohl auch schon deshalb nicht von Wichtigkeit ist, weil die Eucainlösung mit dem mit ihr in Berührung gekommenen, eitrig erweichten Knochen sofort wieder entfernt wurde, sodass eine Resorption von Eucain wohl kaum oder doch nur in verschwindend kleiner Menge erfolgen konnte.

Der zweite Fall von eiternder Knochenfistel am untern Femurende rechts (No. 178) betrifft einen 18jährigen jungen Mann, welcher von dem Verfasser im Herbst 1895 wegen ausgedehnter Nekrose des rechten Femur nach Myeloperiostitis in Chloroformnarkose operiert worden war. Die jetzt noch bestehende eiternde Fistel führte in eine Knochenhöhle, in der

lose kleine Sequester lagen. Nach Anlegung des Esmarch'-
schen Schlauches und nach cirkulärer rautenförmiger Coc.-Euc.-
Einspritzung bis ins Periost in der Ausdehnung für den gedachten 7 cm langen Schnitt wurde die Fistel schmerzlos
gespalten und das Periost von der Kloakenöffnung abgehoben.
Sodann wurde die Kloake selbst durch Abmeisselung ihrer
Ränder mittels Hohlmeissels und Hammers erweitert, sodass
der Finger in die nunmehr offene etwa gänseeigrosse Knochenhöhle bequem eingeführt werden konnte. Bei der Auslöffelung und
Herausbeförderung der schmutzig grünlichen Granulationsmassen
nebst vielen kleinen Sequesterchen zeigte es sich, dass diese
Massnahmen keinen Schmerz hervorriefen, sodass also ein Austupfen der Knochenhöhle mit Eucainlösung nicht nötig erschien.
Nach energischer Auslöffelung der Knochenhöhle wurde dieselbe wie auch die Weichteilwunde mit Jodoformgaze tampo-
niert und ein Compressivverband angelegt, worauf der Esmarch'sche Schlauch, welcher dem Kranken einige Beschwerden verursacht hatte, entfernt wurde.

Bei dem dritten Falle (No. 189) handelte es sich um
einen 27 jährigen Landwirt, welcher vor etwa 7 Jahren an
einer Myeloperiostitis am linken unteren Tibiaende erkrankte,
wonach eiternde Fisteln, die auf rauhen entblössten Knochen
führen, zurückblieben.

Nach Anlegung der Nicaise'schen Binde am Ober-
schenkel wurde in cirkulärer Weise das Operationsgebiet mit
Coc.-Euc.-Lösung gleich bis ins Periost umspritzt, wozu 5 cbcm
der analgesierenden Flüssigkeit mit 0,05 Coc.-Euc. nötig waren.
Nach Application des Aethylchloridstrahles wurden Haut und
Weichteile sofort bis auf den Knochen gespalten und das
Periost stumpf von der ganzen Vorderfläche des aufgetriebenen
Knochens abgehoben, ohne dass Patient über die geringste
Schmerzempfindung klagte. Sodann wurde die Kloake mit
Hammer und Meissel erweitert und darauf die ganze vordere
Wand der neugebildeten Knochenlade weggemeisselt; hierbei
fühlte sich Patient nur beunruhigt durch das eigentümliche
schabend-kratzende Geräusch, das einen selbst an die nicht

gerade angenehme Geräuschwahrnehmung beim Ausbohren
eines zu plombierenden Zahnes eriunerte; Schmerzen verspürte
der Kranke nach eigener Aussage keine. Auch das nun folgende Ausschaben der schmutzig-eitrigen Granulationsmassen
und die Entfernung der meist nur kleinen Sequester löste keine
Schmerzempfindung aus.

Um mich ganz sicher von der von dem Patienten angegebenen Schmerzlosigkeit der analgesierten Operationsstelle zu
überzeugen und weil schon die Maximaldosis des Cocains injiciert war, beschloss ich, den kleinen Senkungsabscess, welcher vor dem äusseren Knöchel in der Höhe des Sprunggelenks
sich befand, ohne vorherige Coc.-Euc.-Injection nur mit Zuhilfenahme des Aethylchloridstrahles zu spalten. Bei der schnellen
Spaltung dieses Senkungsabscesses, welcher mit dem Knochen-
herd der Tibia in Verbindung stand, äusserte der Kranke
durch einen Schrei seinen empfundenen Schmerz als Beweis,
dass hier keine Analgesie herrschte, dieselbe an der ersten
Operationsstelle also nur durch die analgesierende Einspritzung
bedingt sein konnte. Nach Entleerung des Eiters wurde die
Abscesshöhle sanft mit in 2% Eucainlösung getränkter Gaze
ausgestopft, worauf es nach einigen Minuten Abwartens gelang, den von der Abscessböhle nach der Knochenaffection hin-
führenden Gang schmerzlos genügend zu erweitern. Auch bei
der sodann ausgeführten Tamponade der Knochenhöhle und
dem partiellen Nahtschluss der Wunde sowie der ergiebigen
Drainage klagte der Kranke nicht über Schmerzen.

Nunmehr kommen wir durch die Schilderung der regionär
analgisch vorgenommenen Operation einer kompletten Fistula
ani (No. 193) unserem früher gegebenen Versprechen nach.

Bei dem in Steinschnittlage liegenden 46jähr. Kranken
wurde jenseits der etwa 2 cm vom Anus links hinten unweit
der Mittellinie befindlichen äusseren Fistelöffnung eine gabelförmige Coc.-Euc.-Injection nach dem Analring zu gemacht,
sodass die in den Fistelgang eingesteckte Sonde in der Mitte
der umspritzten Zone liegt. Von der Schleimhaut des Anal-
ringes, welche selbst durch ein mit 10% Eucainlösung ge-

— 49 —

tränktes, eingeführtes Gazeläppchen analgisch gemacht ist, wurden submucös und in den Sphinkter hinein nach der innern (Darm-) Oeffnung der Fistel zu in der gedachten Verlängerung der Gabellinien der ersten Injection zwei weitere Einspritzungen gemacht, wonach im ganzen 0,04 Coc.-Euc. verbraucht ist. Nach Application des Aethylchloridstrahles wird sodann die Fistel und der Sphinkter ani absolut schmerzlos gehalten, der Fistelgang selbst in toto exstirpiert. Auf die diesbezügliche Frage versicherte der betreffende Herr, absolut keine Schmerzen verspürt zu haben.

Auch die völlig schmerzlose Exstirpation einer ulcerösen Fissura ani möge hier noch Erwähnung finden.

Da eine Untersuchung zwecks Feststellung des Analleidens bei dem 58jährigen, durch dasselbe sehr herunter gekommenen und abgemagerten Herrn so ohne weiteres wegen der eminenten Schmerzhaftigkeit nicht möglich war, wurden zwei Coc.-Euc.-Einspritzungen in den fest contrahierten Schliessmuskel des anus gemacht, während an die Analöffnung und, soweit es durch die Sonde möglich war, in dieselbe hinein ein mit 5% Eucainlösung getränktes Gazeläppchen gelegt wurde. Nach kurzer Zeit konnte der Sphinkter ani schmerzlos für den Kranken gedehnt werden, sodass es möglich wurde, die Diagnose auf eine vorhandene von aussen nicht sichtbare, ulceröse Fissur zu stellen. Nachdem dem Kranken geraten war, die nunmehrige Schmerzlosigkeit seiner Analgegend zur baldigen Application eines purgierenden Einlaufs zu benutzen, wurde am andern Tage die Operation der Fissur unter lokaler Analgesie vorgenommen.

An der hinteren Commissur der Schleimhaut des Anus wurde durch Auftupfen von Acid. carbol. liquefactum (Schleich) mittels einer Knopfsonde punktförmige Schmerzlosigkeit erzeugt, an dieser Stelle die Nadel der Injectionsspritze eingestochen und dann nach rechts und links eine Coc.-Euc.-Einspritzung in den Sphinkter gemacht. Darauf wurde von einem durch Aethylchlorid analgisch gemachten, dicht vor der Steissbeinspitze gelegenen Punkte aus in gleicher Weise gabelförmig

Hackenbruch, Oertliche Schmerzlosigkeit bei Operationen.   4 nach dem anus zu divergierend die analgesierende Lösung injiciert, während in dem anus selbst ein mit 5% Eucainlösung getränktes Mullläppchen lag. Nach Application des Aethylchloridstrahles von der hinteren Commissur des anus nach der Steissbeinspitze hin wurden Haut, Weichteile und Sphinkter völlig schmerzlos gespalten, worauf unter leichter Dehnung der anus weit klaffte und so eine völlige Exstirpation der ulcerösen etwas hartränderigen Fissur bequem bewerkstelligt wurde. Patient hatte keine Ahnung von dem gemachten Eingriffe und drückte wiederholt sein Erstaunen darüber aus, dass er absolut keine Schmerzen gespürt hätte.

Erwähnenswert dürfte ferner noch die bei einem $1^3/_4$ Jahre alten Kinde (No. 206) unter cirkulärer Analgesierung vorgenommene Exstirpation eines etwa bohnengrossen Keloids sein, welches am Endglied des linken Kleinfingers seinen Sitz hatte. Bei der Entfernung der Geschwulst, welche völlig im gesunden Gewebe umschnitten wurde, sah der kleine Junge zuweilen verwundert und ruhig der Operation zu, ohne dass er sich auch nur im geringsten stören liess, mit dem in seinem rechten Händchen befindlichen kleinen Musikspielzeug ruhig weiter zu spielen!

Da es den Rahmen dieser Arbeit weit überschreiten hiesse, wenn wir noch mehr Operationsbeschreibungen anführen würden, so verweisen wir betreffs der übrigen unter regionärer Schmerzlosigkeit ausgeführten Operationen auf die hinten angefügte tabellarische Zusammenstellung.

Urteile einiger unter örtlicher Schmerzlosigkeit operierter Aerzte.

Unserer früher kurz angegebenen Disposition folgend, wollen wir jetzt auch das gewichtige Urteil einiger Herren Kollegen, welche sich vom Verfasser unter Anwendung des cirkulären Analgesierungsverfahrens operieren liessen, anführen.

Wie aus der tabellarischen Zusammenstellung ersichtlich ist, sind bis jetzt 7 Aerzte (42, 133, 155, 160, 170, 181 und

217) unter örtlicher cirkulärer Analgesie operiert worden, von denen die an zwei Kollegen ausgeführten Operationen, welche in der Radicaloperation einer Umbilicalhernie resp. eines Leistenbruches bestanden, schon oben beschrieben worden sind, sodass nur auf das dort Gesagte verwiesen zu werden braucht. Bei dem dritten Herrn Kollegen wurde das zu enge Präputium durch Spaltung und quere Vernähung der Wunde erweitert, bei welcher Operation nach Aussage des betreffenden Arztes sich nicht der geringste Schmerz fühlbar machte. Dem vierten Herrn wurde unter rautenförmiger cirkulärer Coc.-Euc.-Analgesie aus dem linken Oberschenkel ein daselbst subcutan abgebrochener Holzsplitter entfernt, ohne dass derselbe „auch nur den leisesten Schmerz bei der Operation empfand“; nach schmerzlosem Nahtschluss der Wunde und nach Anlegung eines kleinen Verbandes ging der betreffende Arzt, ohne die geringste Schmerzempfindung zu verspüren, ganz munter nach seiner Wohnung.

Einem fünften Herrn Kollegen wurde eine subcutan abgebrochene Nadel aus dem Oberschenkel absolut schmerzlos herausgeschnitten; auch hier äusserte dieser Arzt über die Naht der kleinen Wunde keine Schmerzempfindung. Auch dieser Herr ging unter der Versicherung, dass er sich die Operation nicht so absolut schmerzlos vorgestellt habe, wie dieselbe verlaufen sei, nach Anlage eines kleinen Verbandes äusserst zufrieden nach Hause.

Die Excision eines kleinen ulcerierten Tumors auf dem rechten Handrücken des sechsten Herrn Kollegen verlief gleichfalls absolut schmerzlos; der betreffende Arzt hat von der ganzen Operation, welcher er zum Teil zuschaute, „kein Jota verspürt“.

Von ebenfalls beweisender Bedeutung für die völlige durch Coc.-Euc.-Einspritzung eingetretene Analgesie ist ferner die Aussage des siebenten Arztes, eines Professors der Medicin an einer unserer grösseren Universitäten, bei welchem nach abgeheilter erysipeloider Entzündung an einer Zehe des linken Fusses eine Drüse in der linken Inguinalgegend zur Vereiterung kam. Unter Anwendung der geschilderten Analgesierungsmethode

4*

wurde die vereiterte Drüse, deren Kapsel schon durch den Eiter perforiert war, in toto exstirpiert, wobei die Unterbindung von 4 spritzenden Gefässen sich als notwendig erwies. Die Operation selber wie auch die Ausspülung der frischen Wunde mit der sonst so heftig brennenden und lebhaft schmerzenden Sublimatlösung 1 : 1000 verlief, wie mir der Herr Professor versicherte, völlig schmerzlos. Die erwähnte Ausspülung der Wunde mit Sublimatlösung wurde „sogar als wohlthuend empfunden."

Die im Vorstehenden abgegebenen Erklärungen der betreffenden Herren Kollegen beweisen aufs deutlichste, dass es bei der erzielten örtlichen Schmerzlosigkeit sich nicht um irgend eine suggestive Einwirkung handelt, wie dies der aufmerksame Leser auch aus den angeführten Operationsbeschreibungen ersehen kann.

Einen weiteren absolut sicheren Beweis hierfür brachte uns auch die bei einer 22 jährigen Patientin gemachte Beobachtung, welche wegen Krampfadern am linken Beine von dem Verfasser auf die Veranlassung des Herrn Sanitätsrat Dr. Cramer hier unter örtlicher cirkulärer Analgesierung operiert wurde. Die betreffende Kranke klagte, obschon wiederholt darnach befragt, nicht über die geringste Schmerzempfindung während der Ausführung der Operation, welche in doppelter Unterbindung der erweiterten Vene mit Resection des Zwischenstückes und nachfolgender Naht der Wunde bestand. Als man jedoch versuchte, rechterseits die gleiche Operation nur mit alleiniger Anwendung des Aethylchloridstrahles auszuführen, klagte dieselbe Kranke sehr, sodass von der Ausführung der geplanten Operation ohne Anwendung der analgesierenden Injection Abstand genommen werden musste.

Auch die gelegentlich der Nekrosenoperation am unteren Schienbeinende gemachte, schon kurz erwähnte Beobachtung spricht ohne jeden Zweifel mit absoluter Sicherheit dafür, dass die Schmerzlosigkeit bei besagter Operation nur durch die eingespritzte Coc.-Euc.-Lösung bewirkt war und nicht durch irgend welche Suggestion hervorgerufen werde, da die Incision des einige Centimeter von der analgesierten Zone entfernt liegenden Ab-

scesses bei alleiniger Anwendung von Aethylchlorid dem Kranken
einen Schmerzensschrei entlockte.

Gegen diese letzteren rein objektiven Beweise, welche uns
die erreichte lokale Analgesie nur als Wirkung der eingespritzten
analgesierenden Flüssigkeit erklären, wird auch wohl die skep-
tischste Denkweise nichts einwenden können; denn es wäre
doch höchst sonderbar, wenn nur das eine Bein der Patientin
resp. bei dem andern Kranken nur die Innenseite des Unter-
schenkels einer suggestiven Einwirkung zugängig gewesen wäre!
Recht zweckmässig ist es mitunter gleichwohl bei Vornahme von Operationen unter lokaler Analgesie befunden worden,
die Aufmerksamkeit und Gedankenrichtung der Patienten gegebenen Falles von der Operation abzulenken. Bei Kindern
wird dies meist gut erreicht durch Verabreichung von Bonbons,
Spielzeug und dergl. oder durch Versprechen von denselben
besonders erwünschten Sachen, während bei erwachsenen ängstlichen Patienten die Verabreichung eines Glases Wein oder
das Rauchen einer Cigarre oder Pfeife — je nach der je-
weiligen Geschmacksrichtung — als von sichtlich beruhigendem
Einflusse sich geltend machte.

Bedingt die örtliche Analgesierung Gefahren?

Nach Schilderung der cirkulären Analgesierungsmethode
und deren Illustration durch die angeführten Operationen erübrigt es jetzt auf die Frage einzugehen, ob diese örtliche
Analgesierung für die betreffenden Kranken mit Gefahren ver-
bunden ist. Die Antwort hierauf lässt sich kurz dahin geben,
dass kein Grund vorhanden ist, welcher für den Patienten ge-
fährlich werden könnte, so lange wir unter Beobachtung der
früher geschilderten Massnahmen die maximale Dosis des Cocains resp. Eucains nicht oder nur unerheblich überschreiten.
Denn wenn keine Idiosynkrasie des betreffenden Patienten
gegen das Cocain, welche schon bei Einverleibung von nur einem
Bruchteile der Maximaldosis sich alsbald äussern dürfte, besteht, so kann nach den in der Litteratur niedergelegten und

unsern Erfahrungen zufolge die Maximaldosis mehr oder weniger
überschritten werden, ohne dass dem Kranken irgend ein Schaden
daraus entstehen könnte. Bei den 219 Patienten, von denen
einigen wiederholt Cocain- resp. Coc.-Eucain-Lösungen injiciert
wurden, habe ich niemals auch nur die geringsten unangenehmen
Zufälle oder üblen Erscheinungen gesehen. Dies dürfte unter
anderem wohl daran hauptsächlich liegen, dass stets mit grosser
Vorsicht die Injectionen gemacht wurden, d. h., dass unter
stetem Weiterschieben der Spitze der Injectionsnadel bei gleichzeitigem mehr oder weniger sanftem Druck auf den Spritzenstempel die Einspritzungen vorgenommen werden, natürlich unter Ver-
meidung des Anstechens und Einspritzens in grössere Blut-
gefässe. Denkbar wäre es allerdings, dass trotz aller Vorsicht
es sich doch ereignen könnte, dass man in das Lumen eines
kleineren Gefässes die analgesierende Flüssigkeit spritzen könnte;
doch kann es sich dann nur um einen dem kleinen Schlitz der
Hohlnadelspitze entsprechenden kleinen Tropfen handeln, da
ja beim nächsten hervorquillenden Tropfen die Spitze der
Nadel schon weiter geschoben ist. Denn dass man gerade
parallel der Gefässwand und innerhalb des Lumens eines
kleinsten Gefässchens — denn um solche könnte es sich ja
nur handeln — die Injectionsnadel weiter führte, ist doch wohl
nicht gut möglich, da die hier in Frage kommenden kleinen
und kleinsten Gefässe beziehentlich ihrer Verlaufsrichtung stets
wechselnder Aenderung unterworfen sind. Dass man ganz
besonders vorsichtig und langsam die analgesierende Flüssigkeit gerade bei Operationen am Gesicht und Kopf injicieren
soll, scheint viel weniger durch die lokale Nähe des Gehirns
bedingt, als durch das an diesen Körperstellen so ausserordent-
lich reich entwickelte sub- und intracutane Blutgefässsystem
erforderlich zu sein.

Mehrfach hatte ich ferner Gelegenheit zu beobachten,
dass es, wenn zufällig kleine Venen von der Nadel durchstochen
wurden, daselbst zur Bildung von kleinen Thromben kam, was
jedenfalls wohl auch keine Gefahr in sich birgt. Denn man
hat doch auch häufig Gelegenheit beim Nahtschlusse von Wunden

Stichkanalblutungen, durch Anstechen eines kleinen Gefässes verursacht, zu sehen, die ebenfalls ohne Bedeutung sind und wohl niemals irgend eine Gefährlichkeit im Gefolge hatten.

Die bei den lokal-analgisch ausgeführten Operationen gebrauchte Cocainmenge schwankte in den Dosen von 0,01—0,06; in 10 Fällen wurde die Maximaldosis des Cocains (0,05) um 0,01 überschritten, ohne dass sich auch nur das leiseste Anzeichen irgend einer unangenehmen Wirkung geltend machte. Gleichwohl ist es unter allen Umständen, wie auch Gabryszewski erwähnt, geraten, nach den ersten Einspritzungen von Cocain stets einige Augenblicke abzuwarten, da im Falle einer Idiosynkrasie die Intoxicationssymptome sehr rasch einzutreten pflegten; in solchen Fällen könnte somit eine für den betr. Kranken gefährliche Einbringung von weiteren Cocaindosen umgangen werden.

In fast allen Fällen, wo es eben angängig war, haben wir unsere Kranken während der Ausführung der Operation die horizontale Lage einnehmen und nach Beendigung derselben noch einige Minuten bis zu einer Viertelstunde beibehalten lassen, eine Vorsichtsmassregel, welche auch Reclus, Krogius und Andere besonders betonen; bleibt dann der Puls gut und unverändert und treten keine Symptome von Aufgeregtheit ein, so konnten die Operierten aufstehen und event. nach Hause gehen.

Um alle schädlichen Nebenwirkungen des Cocains auszuschalten, setzt Gauthier[1]) seinen Cocainlösungen Nitroglycerin zu, welches ähnlich wie Amylnitrit die Gefässe des Gehirns zu erweitern im stande sei. Dieser Autor benutzt zur subcutanen Injection eine 2% Cocainlösung und setzt je 10 gr dieser Lösung 10 Tropfen einer 1% Nitroglycerinlösung zu, sodass sich also in einem Gramm 0,02 Cocain und ein Tropfen Nitroglycerinlösung befindet. Bei Gebrauch dieser Cocain-Nitroglycerinmischung hat Gauthier angeblich auch nicht das geringste Vergiftungssymptom wieder beobachtet, trotzdem er unter Ausserachtlassung der sonstigen Vorsichtsmassregeln bis zu 0,12 Cocain bei demselben Kranken verbraucht hat.

[1]) Gauthier: Les moyens de rendre inoffensive l'analgésie, ref. Centr. für Chirurg. 1893. S. 1100.

Bei den bis zum Jahre 1893 vorgekommenen Intoxications-fällen durch Cocain hat, wie Krogius mitteilt, Reclus nach genauer Durchsichtung bewiesen, dass in den Fällen, wo der tötliche Ausgang wirklich dem besagten Mittel zuzuschreiben war, ganz ungemein grosse Dosen bis zu 1,5 gr zur Anwendung gekommen sind. Nach den tausendfachen Erfahrungen von Reclus soll das Cocain, in Dosen von 0,06—0,15 angewendet, ungefährlich sein. Gleichwohl würde ich mich nicht leicht entschliessen, die Dosis von 0,06 zu übersteigen, eventuell lieber mit einer 1% Eucainlösung weiter arbeiten oder die allgemeine Narkose in Anwendung bringen.

Besonders scheint grosse Vorsicht bei kleinen Kindern, die sich ja im allgemeinen zu Operationen unter lokaler Analgesie nicht gut eignen, geboten zu sein, da Trzebicki[1]) nach Einspritzung von 0,05 Cocain bei der Herniotomie eines 2½jährigen Kindes Intoxicationserscheinungen eintreten sah, die mehrere Stunden anhielten, jedoch völliger Heilung wichen. Felicet[2]) hebt hiergegen wieder die Toleranz der Kinder unter 3 Jahren gegen Cocain hervor, bei denen er selbst bei Injectionen von über 0,05 niemals Intoxicationserscheinungen gesehen habe.

Quénu[3]) sah bei subcutaner Verabreichung von 0,05 Cocain bei den Patienten Kriebeln in Händen und Vorderarm, Angstgefühl, Kurzatmigkeit und Unregelmässigkeit des Herzschlages eintreten, Erscheinungen, die jedoch nach einigen Minuten wieder vorübergingen. Dass die Empfindlichkeit der einzelnen Individuen gegen Cocain innerhalb weiter Grenzen schwankt, geht daraus hervor, dass von Championière[4]) selbst Dosen von 1 gr Cocain ohne jeden Nebeneffect injiciert worden sind.

Ueber 3 tötliche Cocainvergiftungen berichtet Mattison[5]); in dem ersten Fall soll nach Injection von 0,16 in dem zweiten

---

[1]) Trzebicki: Ein Fall von Cocainvergiftung. Centr. f. Chir. 1892. Seite 209.
[2]) cf. Virchow-Hirsch Jahresbericht, 1892, Bd. I, S. 416.
[3]) cf. ibidun.
[4]) cf. ibidun.
[5]) cf. Virchow-Jahresbericht, 1896, Bd. I, S. 391.

nach etwa 0,1 und in dem dritten Falle angeblich nach
0,06 nach vorhergehenden Krämpfen der exitus letalis eingetreten sein.

Bei den übrigen in der mir zugänglichen Litteratur niedergelegten Cocainintoxicationen mit oder ohne tötlichen Ausgang
handelt es sich um Fälle, wo sehr grosse Dosen von 0,5 bis
1,5 gr meist irrtümlicher Weise zur Verwendung kamen. Hierzu wird man wohl auch den von Berger[1]) beschriebenen Fall
von tötlicher Cocainvergiftung zählen können, wobei es sich
um einen jungen, anscheinend gesunden Mann handelte, welchem nach Punction einer Hydrocele „ein Esslöffel voll" einer
2% Cocainlösung, was etwa einer Dosis von 0,3 Cocain entspricht, injiciert wurde. Desgleichen gehört hierhin der von
Reclus[2]) mitgeteilte Fall, einen 72jährigen Mann betreffend,
welchem ein Arzt wegen schmerzhaften Katheterismus bei
Prostatahypertrophie etwa 200 gr einer 5% Cocainlösung in
die Urethra spritzte: kurze Zeit darauf ging der Kranke unter
den Symptomen der Cocainintoxication zu Grunde, ein trauriges Ereignis, über das man sich in anbetracht der hohen
Cocaindosis wundern könnte, wenn es nicht eingetreten wäre,
da in der eingespritzten Flüssigkeit 1 gr Cocain, von welchem
jedenfalls ein grosser Teil resorbiert wurde, enthalten war.

Auf solche vorher betreffs ihrer Menge nicht genau kontrollierte Einverleibungen von Cocain werden wohl auch zum
grössten Teile die sonst vorkommenden leichteren Intoxicationserscheinungen von Cocain sich zurückführen lassen, so z. B.
die zuweilen in früheren Zeiten von den Nasen- und Halsspezialisten beobachteten mehr oder weniger leichten Cocainerscheinungen, da in diesem Gebiete der Chirurgie die Analgesie für operative Eingriffe meist durch Aufpinselung oder
Auflegen von Watte oder Mullläppchen, welche mit 10—20%
Cocainlösung getränkt sind, erstrebt zu werden pflegt.

---

[1]) Un cas d'empoisonnement mortel par la cocaine. cfr. Centr. für
Chirurg. 1892. S. 301.

[2]) Rapport sur une observation de mort subite consécutive à une
injection de cocaine dans l'urètre. Centr. für Chirurg. 1895. S. 800.

Ich habe mir die kleine Mühe genommen und ein 7 cm langes und 4 cm breites einfaches Mullstückchen mit 10% Cocainlösung angefeuchtet und dann das Läppchen über der Schale einer feinen Waage mit den Fingern ausgepresst. Das Gazeläppchen hatte darnach die Grösse etwa eines Kirschenkernes, während die digital ausgepresste Flüssigkeitsmenge 0,8 gr betrug. Da die Flüssigkeit eine 10% Cocainlösung gewesen ist, so sind in ihr 0,08 gr Cocain enthalten, eine jedenfalls hohe Dosis, die doppelt so gross sein würde bei der Verwendung einer 20% Cocainlösung. Da man nicht kontrollieren kann, wie viel von einem solchen durch Cocainlösung angefeuchteten Läppchen z. B. bei dessen Einführung in die Nase resorbiert oder sogar durch die Nase hinter dem Gaumen herlaufend verschluckt wird, so kann es doch nicht Wunder nehmen, wenn man unter solchen Umständen zuweilen Cocainintoxications-Symptome erhält, besonders in solchen Fällen, wo die in Cocainlösung getauchten Läppchen minutenlang liegen bleiben. Der gleiche Nachteil einer nicht genau bestimmbaren Resorptionsmenge hängt auch dem Aufpinseln oder Aufsprayen von concentrierten Cocainlösungen an, Erwägungen, welche uns bei dem Auflegen von mit Cocainlösungen getränkten Läppchen auf Schleimhautstellen stets zur Vorsicht gemahnt haben.

Beziehentlich des glatten reaktionslosen Heilverlaufes der unter regionärer Schmerzlosigkeit gesetzten Wunden bietet die Methode der cirkulären Analgesierung nach unseren Erfahrungen absolut keine Gefahr; der Wundheilverlauf bot gar keine Verschiedenheiten dar gegenüber demjenigen, wie wir ihn unter allgemeiner Narkose oder ohne Betäubung zu sehen gewohnt sind. Dass man sich, wie auch schon früher erwähnt wurde, stets möglichst frischer Lösungen bedienen soll, dazu mahnt auch schon eine Beobachtung von Strauss[1]), welcher nach Anwendung einer alten nicht sterilisierten Cocainlösung lokale Gangrän in zwei Fällen (Circumcisio und Operation des Unguis incarnatus) eintreten sah.

---

[1]) Ref. Virchow-Hirsch, Jahresbericht 1890. Bd. I. S. 434.

Wir haben bei im ganzen 258 Einzeloperationen an 219
Patienten, welche unter lokaler Schmerzlosigkeit nach Cocain-
oder Eucain- oder Cocain-Eucain-Einspritzungen operiert worden
sind, niemals auch nur die geringsten unangenehmen Erscheinungen oder üblen Zufälle eintreten gesehen. Das Alter dieser
Kranken bewegte sich, wie die tabellarische Zusammenstellung
zeigt, innerhalb der Grenzen von $1\,{}^3/_4$ (206) bis zum 75. Lebens-
jahre (179). Bei einem 51jährigen Herrn (185), welcher früher
mehrmals wegen Nasenpolypen von verschiedenen Aerzten unter
Cocainanalgesie, die durch Aufpinseln, Sprayen oder durch
Auflegung von mit Cocainlösung getränkten Wattebäuschchen
oder Gazeläppchen erzeugt wurde, operiert worden war und
jedesmal nach solchen Operationen deutliche Intoxicationserscheinungen von Cocain bekam, sodass er sich zuletzt ohne
jedwede Analgesierung die stets nachwachsenden Nasenpolypen
entfernen liess, habe ich es, in Erinnerung unseres weiter oben
geschilderten Mullläppchenexperiments, dennoch gewagt, das
Herausschneiden eines Schrotkornes unter örtlicher Schmerzlosigkeit durch eine Coc.-Euc.-Injection von 0,02 zu bewerkstelligen. Der betreffende Herr hatte sowohl während als auch
nach der völlig schmerzlosen Operation auch nicht die geringsten
Cocainerscheinungen, so dass man fast zu der Annahme gedrängt
wird, dass gelegentlich der früheren Nasenpolypenoperationen
bei demselben unbeabsichtigt zu viel Cocain zur Resorption
gekommen ist.

Da wir seit Einführung des Eucains bald unsre operativen Eingriffe unter lokaler Analgesie mittels kombinierter
1% Lösungen von Cocain und Eucain vorgenommen haben,
so ist es wohl am Platze, hier auch einige Mitteilungen über
das Eucain und dessen ihm möglicher Weise anhaftenden Gefahren anzubringen.

Die Eucainbase, dargestellt von der chemischen Fabrik
auf Aktien (vorm. E. Schering) zu Berlin ist ebenso wie das
Alkaloid Cocain in Wasser fast unlöslich, jedoch bildet sie,
ebenso wie das Cocain, an Salzsäure gebunden ein leicht lös-

liches Salz, das Eucainum hydrochloricum. Gaetano Vinci[1])
hat das Eucain hydrochloric. zuerst an Tieren und Menschen
geprüft und hält es auf Grund seiner Versuche für wert, dem Cocain an die Seite gestellt zu werden. Der Hauptvorzug soll
nach diesem Autor sowie nach Kiesel[2]) in der erheblich ge-
ringeren Giftigkeit gegenüber dem Cocain bestehen. So könnte
man dem Bericht von Kiesel zufolge bis zu 3 gr Eucain unbeschadet der Gesundheit des Kranken injicieren. Sodann
bleibt die wässerige Eucainlösung stets klar und wird nie
flockig, was bei der wässerigen Cocainlösung bald eintritt.

Nach unseren Erfahrungen ist das Eucain in wässeriger
Lösung zu 2—5% angewendet wohl im stande eine ausreichende Analgesie hervorzurufen, jedoch klagten die Kranken
bei den Injectionen mehr oder weniger über brennende Schmerzen. Aus diesem Grunde haben wir, wie schon früher mit-
geteilt ist, eine kombinierte Lösung von Cocain und Eucain
ana 1 : 100 bei der örtlichen subcutanen Analgesierung in Anwendung gezogen, wodurch unter Beachtung der früher beschriebenen Massnahmen stets völlige Analgesie erzielt wurde.
Irgend welche üblen Zufälle oder Erscheinungen sind auch
bei der Verwendung von puren Eucainlösungen zur Injection
niemals beobachtet worden.

Die höchste eingespritzte Eucainmenge, welche 0,1 betrug, rief bei dem betreffenden Patienten (No. 118) auch nicht
die geringsten Intoxicationserscheinungen hervor. Gleichwohl
werden. wir es vorläufig nicht für angebracht halten, höhere
Dosen von Eucain in Anwendung zu ziehen, da es wohl auch
gegen dieses Präparat Idiosynkrasien geben könnte. In diesem
Sinne hat auch die das Eucain darstellende chemische Fabrik
auf den gedruckten Gebrauchsanweisungen, welche dem in
letzter Zeit zum Versand gekommenen Eucain beigegeben sind,

---

[1]) Virchow, Archiv für pathologische Anatomie und Physiologie und
für klin. Medicin Bd. 143. S. 78.

[2]) Kiesel: Eucain. Ein neues lokales Anästheticum. Zahnärztl.
Rundschau 1896. No. 196.

anempfohlen, die Maximaldosis des Cocains auch bei Eucain
nicht zu überschreiten.

Auf grund unserer Erfahrungen und bei Innehaltung der
geschilderten Massnahmen und Vorsichtsmassregeln sind somit
die Coc.-Euc.-Injectionen zwecks lokaler Analgesie
völlig gefahrlos für die betreffenden Kranken und in
keiner Weise wird durch dieselben der natürliche
Heilverlauf der gesetzten Wunde irgendwie ungünstig
beeinflusst.

Sollte jedoch aus Unvorsichtigkeit oder irrtümlicher Weise
vielleicht einmal zuviel Cocain verabreicht worden sein oder bei
irgend einem Falle eine Idiosynkrasie hervortreten, so möge
die in der Litteratur darüber niedergelegte Erfahrung zur
Nutzanwendung gezogen werden, wonach in solchen Fällen
das Einatmen von Amylnitrit nebst Coffeineinspritzungen oder
bei starker Erregung der betreffenden Kranken die Verabreichung von Bromkali oder Morphium empfohlen wird. Bei
sehr schweren Vergiftungen kommt ausserdem auch die Anwendung der künstlichen Atmung und der Herzmassage in betracht.

Infiltrationsanästhesie und cirkuläre Anal-
gesierung.

Nachdem vorher schon die Reclus'sche Methode der
lokalen Analgesie kurz beschrieben und auch der Krogius'-
schen peripheren Analgesie, welche auf demselben Principe
wie die cirkuläre Analgesierungsmethode beruht und bei Operationen an Fingern und Zehen mit ihr identisch ist, mehrfach
Erwähnung gethan wurde, erübrigt es nun noch, die von
Schleich angegebene und so konsequent durchgeführte, jetzt
wohl allgemein bekannte Infiltrationsanästhesie mit unsrer Methode in vergleichende Parallele zu setzen. Gleich von vorn-
herein muss ich bekennen, dass ich persönlich praktische Erfahrungen über die Infiltrationsanästhesie aus dem Grunde nicht
besitze, weil ich meine Methode erst selber ausprobieren wollte.
Daher bleibt bei einer Gegenüberstellung beider Analgesie-

rungsmethoden es nur übrig, die bei der Infiltrationsanästhesie
besonders von deren Nachprüfern gemachten Erfahrungen mit-
zuteilen und auf grund dieser Veröffentlichungen zu urteilen.
Hofmeister[1]) bestätigt den von Schleich aufgestellten
Satz, dass da, wo die Infiltration vollkommen ist, absolute
Unempfindlichkeit herrscht, auf grund seiner Erfahrungen vollständig; jedoch betont er „mit aller Entschiedenheit, dass die
physikalische Veränderung, welche die betreffenden Gewebe
durch die Infiltration erleiden, häufig eine nicht unbedeutende
Erschwerung des Eingriffs bedingt: die Sicherheit der anatomischen Orientirung wird vielfach erheblich beeinträchtigt.“
„Schon die enorme Verdickung der Teile,“ fährt Hofmeister
weiter fort, „führt namentlich im Anfang zu einer gewissen
Unsicherheit, man glaubt viel tiefer eingedrungen zu sein, als
thatsächlich der Fall ist. Dazu kommt, dass durch die pralle
Spannung aller Gewebe Consistenzunterschiede so gut wie ganz
verschwinden; der tastende Finger, sonst ein unschätzbares
Hilfsmittel, lässt uns vollkommen im Stich. Um ein Beispiel
anzuführen, die Aufsuchung der Vena saphena, die ja unter
gewöhnlichen Verhältnissen gewiss keine Schwierigkeiten bietet,
wird im infiltrierten Gewebe fast zu einem Kunststück, namentlich wenn, wie so häufig am liegenden Kranken, das Gefäss
leer ist. Atherome, Abscesse, aber auch solide Tumoren verschwinden nach der Infiltration so vollkommen in der diffusen
Härte des Gewebes, dass es absolut unmöglich ist, sie heraus-
zutasten. Nur dadurch, dass man sich vorher den Verlauf
des gesuchten Gefässes bezw. den Sitz des Tumors ganz genau
merkt und die Quaddelreihe resp. die Infiltrationszone überhaupt ganz genau entsprechend, insbesondere nicht zu umfang-
reich anlegt, gelingt es, ein Vorbeioperieren am gesuchten
Objekt mit einiger Sicherheit zu vermeiden.“
Diese Worte von Hofmeister habe ich genau wiederholt
deshalb, weil sie für mich bestimmend waren, unsre cirkuläre
Analgesierungsmethode nicht zu verlassen, da durch letztere Art

---

[1]) Zur Schleich'schen Infiltrationsanästhesie. Beiträge zur klin
Chirurg. Bd. XV. S. 563.

der Erzeugung lokaler Schmerzlosigkeit die anatomischen Beziehungen der Gewebe zu einander keine Veränderungen erleiden, sodass die Operationen ebenso verlaufen, wie wir es bei Anwendung der allgemeinen Narkose gewöhnt sind. Ein weiterer Grund für mich, die Infiltrationsanästhesie z. B. bei der Saphenaunterbindung nicht in Anwendung zu bringen, war der, dass nach den Berichten Hofmeisters für diese Operation im Durchschnitt 15—20 cbcm der mittleren Lösung, was einem Cocaingehalt von 0,02 entspricht, benötigt wurde. Wie eine Durchsicht der hinten angefügten Tabelle ergiebt, habe ich bei der in Rede stehenden Gefässoperation anfangs allerdings etwas mehr, später jedoch nur 0,02, zuweilen noch etwas weniger Cocain nötig gehabt. Allerdings könnte man einwenden, dass bei der Infiltrationsanästhesie sehr viel von der eingespritzten Flüssigkeit wieder abfliesst, ohne dass man jedoch im stande ist, die abfliessende vorher injicierte Flüssigkeit annähernd genau in ihrer Menge zu bestimmen; auch müsste der Beweis erbracht werden, dass in der wieder abgeflossenen, nicht zur Resorption gekommenen Flüssigkeitsmenge das Cocain enthalten ist, da man sich doch gut vorstellen kann, dass dasselbe chemisch an die Gewebsteile bei seiner Einwirkung auf letztere gebunden sein könnte. Dem sei nun, wie ihm wolle, unter allen Umständen ist der Akt der Operation mit der von uns geübten Analgesierungsmethode leichter und einfacher als sich dieselbe Operation nach der Schilderung Hofmeisters unter der Infiltrationsanästhesie gestaltet.

Die Operation des eingewachsenen Nagels, welche Schleich als eine der schwierigsten unter Infiltrationsanästhesie bezeichnet, ist nach unsrer und der mit ihr in solchen Fällen identischen Krogius'schen Methode ein ganz leichter und absolut sicher analgisch auszuführender Eingriff. Die gleichen Vorteile vor der Schleich'schen Methode bietet die cirkuläre Analgesierung auch bei der Operation der Panaritien, bei welchen es nach Hofmeisters Mitteilung zuweilen unmöglich zu sein scheint, die Infiltration schmerzlos zu gestalten, während bei der von uns geübten Methode niemals über die analgesierende

Einspritzung geklagt wurde. Es ist Hofmeister „bei durch-
aus nicht empfindlichen Patienten vorgekommen, dass dieselben,
nachdem ein vollständiger Infiltrationsring im Gesunden um
den Finger angelegt war, die zunehmende Spannung bei der
Infiltration als sehr schmerzhaft bezeichneten.“
Bei der Besprechung der Anästhesierung der Nervenstämme erwähnt Schleich unter anderem, dass, wenn er zu
beiden Seiten der Grundphalanx eines Fingers die Nervenstämme anästhesiere, so bleibt die Fingerbeere doch empfindlich, weil die Nervenanastomosen in der Haut die Rückwärts-
leitung übernehmen; „es blieb sogar Empfindung bestehen,“
fährt Schleich weiter fort, „wenn er cirkulär um die Phalanx
herum die Haut wie mit einem anästhetischen Ringe umgab.
In diesem Falle übernimmt augenscheinlich das Nervengewebe
des Knochenmarks die kompensatorische Vermittelung der
Empfindungen.“ Auf grund unserer Erfahrungen ist nun bei
der cirkulären Analgesierung an dem Grundglied eines Fingers
auch die Fingerkuppe völlig analgisch nach einigen Minuten
Zuwartens, was nach Einspritzung einer warmen Coc.-Euc.-
Lösung kaum mehr erforderlich ist; tactile Empfindung bleibt
allerdings zumeist bestehen. Versteht nun Schleich nach
seinen eben citierten Worten unter dem Ausdruck „Empfindung“
schmerzhafte Wahrnehmung, so kann dies wohl nicht gut anders
erklärt werden, als dass die eingespritzte Cocain-Morphium-
Lösung zu dünn, chemisch zu indifferent war, um die Leitungsfähigkeit der Nervenfasern für die Schmerzempfindung aufzuheben oder es müsste die analgesierende Flüssigkeit nicht mit
sämtlichen Nervenstämmchen in Berührung gekommen sein.
   Was bei der unter Infiltrationsanästhesie vorgenommenen
Saphenaunterbindung von Hofmeister gesagt ist, gilt natürlicher Weise auch bei der Exstirpation der gewöhnlich vorkommenden kleinen Tumoren (Atherome, Ganglien, Lipome,
Fibrome, Drüsen etc.). Bei Besprechung dieser Operationen
drückt sich Hofmeister folgendermassen aus: „Besonders
störend macht sich die gleichmässige Durchfeuchtung der Gewebe da bemerkbar, wo es gilt, ganz bestimmte Schichten

scharf einzuhalten. In tuberculöse Drüsenabscesse z. B., die man geschlossen auszuschälen trachtet, fällt man, wenn sie nur einigermassen verwachsen sind, fast regelmässig hinein. Das Gleiche kann einem bei Atheromen passieren, doch lässt sich hier das Missgeschick ziemlich sicher vermeiden, wenn man den Hautschnitt nicht über die Höhe der Geschwulst, sondern halbkreisförmig um die Basis führt und dann gleich unter den Tumor eindringt." „Zweifellos," sagt derselbe Autor weiter, „wird der einzelne Operateur, je mehr er mit der Infiltrationsmethode arbeitet, sich desto mehr den veränderten Verhältnissen anpassen und die selbst geschaffenen Schwierigkeiten immer leichter überwinden; allein die Thatsache, dass der operative Eingriff vielfach erschwert wird, ist damit nicht aus der Welt geschafft." Bei der cirkulären Analgesierung hingegen schaffen wir uns keine Veränderung in den anatomischen Verhältnissen und bereiten uns somit keine Schwierigkeiten bei der Exstirpation z. B. des Atheroms, bei welcher Operation sich zudem der Cocainverbrauch in ungefähr derselben Höhe bewegt wie nach den Mitteilungen Hofmeisters derjenige bei der Infiltrationsmethode.

Gottstein[1]) führt in der tabellarischen Uebersicht von nach der Schleich'schen Methode in der Breslauer chirurgischen Klinik operierten Kranken einige Fälle (34, 41 und 43) an, in denen die betreffenden Kranken über mehr oder weniger heftigen Schmerz bei der Infiltration klagten, während andere betreffs der Analgesie nicht befriedigende Erfolge der noch nicht völlig beherrschten Technik zugeschrieben werden können.

Ganz kürzlich spricht auch Dipper[2]) in seinen Schlusssätzen davon, dass „das Oedem der Gewebe dem Anfänger die topographische Orientierung erschwere," während die von ihm mitgeteilten mehr oder weniger beziehentlich der erreichten Schmerzlosigkeit nicht befriedigenden Resultate weniger der

---

[1]) Die Verwendung der Schleich'schen Infiltrationsanästhesie. Berl. klin. Wochenschr. 1896. No. 41. S. 905.

[2]) Ueber Schleich's Infiltrationsanästhesie. Deutsch. medicin. Wochenschr. 1896. No. 50. S. 803.

angewandten Methode zur Last zu legen sind als vielmehr
durch die noch nicht genügend beherrschte Technik bedingt
zu sein scheinen.

Kolaczek[1]) berichtet über einige Laparotomiefälle, bei
welcher er die Spaltung der Bauchdecken unter Schleich'-
scher Infiltrationsanästhesie mit grossem Vorteil vorgenommen
hat, während es sich aus den diesbezüglichen Operationsbeschreibungen nicht ersehen lässt, ob dasselbe Verfahren auch
bei den operativen Manipulationen innerhalb der Bauchhöhle
Verwendung fand.

Während nach der cirkulären Analgesierung die Kranken
nach der Operation gar nichts anders zu klagen haben als
man früher nach den unter allgemeiner Narkose stattgehabten
Operationen beziehentlich des Operationsgebietes zu hören gewohnt ist, zum teil aber, wohl infolge der nachhaltigen Wirkung der eingespritzten Analgesierungsflüssigkeit entschieden
weniger Schmerzen zu empfinden scheinen und letztere zuweilen unter deutlich verminderter Intensität auch später zur
Empfindung gelangen, geben die unter Infiltration operierten
Patienten gemäss der Mitteilung von Hofmeister „sehr häufig
ein intensives Jucken und Brennen der infiltrierten Partieen
an, das 24 Stunden und länger anhalten kann."

Auch Mehler[2]), welcher sonst sehr warm für die Infiltrationsanästhesie eintritt, erzählt von einem Kollegen, der
nach der Incision eines Panaritiums später das Gefühl gehabt
habe, „als ob zwei Zentner an seinem Finger hingen; es sei
gerade kein Schmerz, aber doch ein sehr unangenehmes Gefühl von Schwere und Spannung gewesen."

Dass die Infiltrationsanästhesie mit ihren so verdünnten
Cocain-Morphium-Lösungen weiter gestellten Indicationen genügen kann als dies vorläufig bei der cirkulären Analgesierung möglich ist, lässt sich leicht erfassen. Gleichwohl kann
ich mir nicht gut vorstellen, dass man mit der ersteren Me-

---

[1]) Zur Narkosenfrage. Deutsch. med. Wochenschr. 1896. S. 179.
[2]) Ueber Infiltrationsanästhesie. Münchener med. Wochenschr. 1896.
No. 45 und 46.

thode im stande sei, z. B. eine Mammaexstirpation mit Aus-
räumung der Achselhöhle nach dem von uns geübten Modus
auszuführen, der kurz darin besteht, dass nach cutaner Mar-
kierung der Incisionslinien zuerst von der freigelegten Vena
axillaris alles die Axilla ausfüllende Gewebe samt den Drüsen,
die man nicht zu sehen bekommt, sondern nur fühlt, ab-
präpariert wird, worauf die Drüsen und die Lymphstränge, welche
die ersteren mit dem primären Mammatumor verbinden, in toto
samt der Mamma exstirpiert werden: eine solch gründliche Exstirpation der Mamma, wobei also der primäre Tumor in Zusammenhang mit Lymphsträngen und Axillardrüsen entfernt
wird, dürfte wohl nur unter Zuhilfenahme der allgemeinen
Narkose ausführbar sein.

Aus den im Vorstehenden dargelegten Gründen scheint
somit bei allen operativen Eingriffen an Fingern und Zehen,
Händen und Füssen, kurz gesagt bei allen für den praktischen
Arzt an den Extremitäten überhaupt in betracht kommenden
Operationen, sowie ferner bei der Exstirpation auch grösserer
Tumoren, zu deren Ausführung die maximale Dosis des Cocains
voraussichtlich nicht oder nur unerheblich überschritten zu
werden braucht, die Anwendung der cirkulären Analgesierung
entschieden vorteilhafter zu sein als die der Infiltrationsanästhesie. Da auch ferner die Technik der in Rede stehenden
Analgesierungsmethode sehr viel leichter zu erlernen ist als
die der Infiltrationsanästhesie, welche sowohl nach den Worten
ihres Erfinders als auch nach denen ihrer Nachprüfer nicht so
ganz einfach zu erlernen ist, so kann man auch hierin zumal
für den praktischen Arzt, der kleinere Operationen selbst ausführen will, einen Vorzug der ersteren vor der Infiltrationsmethode erblicken.

Ohne Zweifel gebührt jedoch Schleich das hohe Ver-
dienst, durch seine eigenartige Methode der Erzeugung örtlicher Schmerzlosigkeit mittels Infiltration überaus verdünnter
Cocain-Morphium-Lösungen neue Gesichtspunkte für die Technik der lokalen Analgesierung gegeben zu haben.

Indicationen zur cirkulären Analgesierung.

Die Indicationen zur Anwendung der cirkulären Analgesierung zwecks regionär schmerzloser Ausführung von operativen Eingriffen ergeben sich leicht aus den vorher dargelegten Erläuterungen und Operationsbeschreibungen. Ueberall
da ist die in Rede stehende Analgesierungsmethode anwendbar,
wo man mit einiger Sicherheit im Voraus sagen kann, dass
man betreffs der einzuspritzenden analgesierenden Coc.-Euc.-
Lösung unter der Maximaldosis bleiben oder nur bis an dieselbe
heranzugehen braucht; in manchen Fällen, wo während einer
länger dauernden Operation bei dem betreffenden Kranken
auch nicht die geringste Spur einer Cocainintoxication (Schwatzen,
Aufgeregtheit, Pulsveränderung etc.) sich zeigt und eine Idiosynkrasie gegen Cocain absolut sicher auszuschliessen ist, kann man
auch die Maximaldosis des Cocain um einige Grade überschreiten,
was in unsern derartigen Fällen niemals irgend welche schädlichen Folgen gehabt; bekanntlich sind ja auch die Maximal-
dosen aller differenten Arzneimittel aus leicht fasslichen Gründen
sehr niedrig gegriffen.

Auf grund unsrer persönlichen Erfahrungeu kann die
cirkuläre Analgesierung mit grossem Vorteil angewendet werden bei fast den meisten Operationen an Händen und Füssen,
desgleichen bei nicht zu ausgedehnten Weichteil- oder Knochen-
operationen an den Armen und Beinen. Ganz vorzüglich eignet
sich das beschriebene Analgesierungsverfahren bei den lokal
schmerzlos vorzunehmenden Operationen der Panaritien, Finger-
verletzungen, der Exstirpation der Dupuytren'schen Contrac-
turen, Sehnennähten, Entfernung von Fremdkörpern und den
analogen chirurgischen Krankheiten am Fusse; ferner leistet
sie vortreffliche Dienste bei der Exstirpation der kleinen, so
häufig vorkommenden Tumoren und bei solch grösseren Geschwülsten, die noch ohne erhebliche Ueberschreitung der
Maximaldosis des Cocains entfernt werden können.

Bei Amputationen von Arm oder Bein wird wohl die
Anwendung der Reclus'schen Methode oder der Schleich'schen

Infiltration sich vorteilhafter erweisen, da die eingespritzten Cocainlösungen zum grossen Teile wieder sofort abfliessen können, da die Incisionen stets in das Gebiet der ihnen vorhergehenden Injectionen fallen, wenn man es aus anderen Gründen nicht vorzieht, die allgemeine Narkose hierzu zu benutzen. Dasselbe dürfte auch von der Resection der dem Stamme entfernt liegenden, grösseren Gelenke gelten, während wohl die Resection eines Schulter- oder Hüftgelenks nur unter allgemeiner Narkose in gehöriger Weise ausführbar sein wird. Zur Vornahme z. B. der blutigen Naht eines Kniescheibenbruches dürfte sich jedoch die cirkuläre Analgesierung sehr gut eignen.

Mit grossem Vorteil kann das in Rede stehende Analgesierungsverfahren ferner in Anwendung gezogen werden bei dem Bruchschnitt sowie bei der Radikaloperation nicht zu grosser Hernien, desgleichen bei dem hohen Blasenschnitt zwecks Steinentfernung, welche Operation jedoch auch wohl ebenso gut unter Reclus'scher oder Schleich'scher Methode vorgenommen werden kann. Dasselbe gilt von der Eröffnung der Brust- und Bauchhöhle, der Anlegung einer Magen- oder Gallenblasenfistel und des künstlichen Afters sowie ferner der Resection einer Rippe. Wie eine Durchsicht der tabellarischen Uebersicht ergiebt, wurde die cirkuläre Analgesierung im Anfange der Operation eines parametritischen Abscesses sowie zweier Blinddarmentzündungen mit Vorteil begonnen, während in der Tiefe der Wunde die Reclus'sche Methode sich äusserst brauchbar erwies; das Gleiche gilt von der beschriebenen Castration.

Dass auch für frei bewegliche mehr oder weniger gestielte Tumoren der Bauchhöhle die in Rede stehende Methode der lokalen Analgesie verwendbar ist und dass auch die Freilegung und Anheftung der uncomplicierten Wanderniere durch regionäre Schmerzlosigkeit möglich ist, leuchtet nach dem Gesagten von selber ein. Handelt es sich aber um durch Adhäsionen fest fixierte Abdominaltumoren, so wird man wohl am besten thun, die allgemeine Narkose zur Hilfe zu ziehen, nachdem die Eröffnung der Bauchhöhle unter Umständen unter örtlicher Schmerzlosigkeit bewerkstelligt worden ist.

Recht gute Dienste leistet das beschriebene Analgesierungsverfahren weiterhin bei Operationen am Anus (Hämorrhoiden,
Analfisteln u. s. w.), während auch die Urethrotomia externa
sich ebenfalls wohl durch sie ausführen lassen dürfte.

Bei der Excision von kleinen Neubildungen an den Lippen
oder der Zunge sowie der kleineren an Gesicht, Kopf und Hals
vorkommenden Geschwülste leistet das genannte Verfahren
vortreffliche Dienste. Ob es möglich ist auch eine Trepa-
nation des Warzenfortsatzes oder eine Aufmeisselung des Schädel-
daches überhaupt in dieser Weise vorzunehmen, ist theoretisch
wohl denkbar, jedoch praktisch mangels einer solchen Gelegenheit noch nicht erwiesen.

Zu erwähnen erübrigt nunmehr noch, dass das Verfahren der
cirkulären Analgesierung auch bei gynäkologischen Operationen
in geeigneten Fällen mit Vorteil verwendet werden kann. Auf
Wunsch des Herrn Kollegen Wehmer, Frauenarztes hierselbst,
machte ich vor der Ausführung einer hinteren Kolporrhaphie
die nötigen analgesierenden Injectionen in rautenförmiger Weise,
worauf die vorgenommene Excision eines spindelförmigen Lap-
pens mit sofort angeschlossener Naht der Wunde seitens der
Patientin absolut schmerzlos verlief.

Die Indicationen für die lokale cirkuläre Analgesierung
sind somit nicht gerade engen Grenzen unterworfen, welche
ihrerseits ohne Zweifel durch die technische Geschicklichkeit
des betreffenden einzelnen Operateurs noch erweitert werden
können. Wo die in Rede stehende Methode nicht ausreichend
wirkt oder ihre Anwendung nicht zweckmässig erscheint, kann
jedenfalls in manchen Fällen die Reclus'sche Analgesierung
oder die Schleich'sche Infiltration mit unleugbarem Vorteile
für den Kranken, um die gefährlichere allgemeine Narkose zu
vermeiden, in Nutzanwendung gebracht werden.

Vorteile der örtlich schmerzlosen Operationsweise.

Bekanntermassen wird bei der allgemeinen Narkose mittels
Chloroform, Aether oder Bromäther ausser dem anästhesierten
Operationsgebiet auch der ganze Körper mehr oder weniger

unempfindlich, das geöffnete Auge des Narkotisierten nimmt keinen Lichteindruck, das Ohr keinen Ton oder Geräusch mehr wahr, das Bewusstsein ist völlig erloschen; der Kranke liegt gleichsam im tiefsten Schlafe darnieder. Sowohl zur Erzeugung dieser allgemeinen Narkose als auch zur Fortführung derselben während der Ausführung der Operation ist unbedingt ein Arzt erforderlich, welcher seine ganze Aufmerksamkeit auf den Narkotisierten richten muss, da ja jeden Augenblick Zustände eintreten können, die ein sofortiges Eingreifen resp. eine Unterbrechung in der Verabreichung des Betäubungsmittels erheischen.

Können wir uns nun zur Ausführung des operativen Eingriffes der lokalen Analgesierung bedienen, so haben wir, da der Patient völlig bei Bewusstsein ist, niemanden zu dessen Beaufsichtigung nötig, was unter allen Umständen ein grosser Vorteil ist. Dazu kommt noch, dass der unter örtlicher Schmerzlosigkeit zu operierende Kranke selber durch zweckentsprechende Haltung bei recht vielen Operationen uns noch zu helfen im Stande ist, während dies bei dem chloroformierten Patienten natürlicher Weise nicht statthaben kann.

Bei einer grossen Zahl von Operationen ist der Arzt bei Anwendung der regionären Analgesierung ferner im stande, ohne jedwede Assistenz die betreffende Operation auszuführen, zu welcher der Patient seinerseits auch keine besonderen vorherigen Anstalten zu treffen hat, wie er es vor Einleitung der allgemeinen Narkose (Nüchternbleiben etc.) zu thun nötig hat.

Diese kurz angedeuteten Vorteile, welche die örtliche Schmerzlosigkeit bei vielen Operationen bietet, dürften sich insbesondere auch geltend machen, bei nicht zu ausgedehnten Verletzungen im Kriegsfalle, wo eine sachgemässe Assistenz zuweilen fehlen könnte, zumal es doch ein leichtes ist, Cocain-Eucain-Tabletten bei sich zu führen und abgekochtes Wasser zu erhalten, nicht allzu schwer sein wird.

Während nun die Ausführung einer Operation unter lokaler Analgesie viel weniger Assistenz erfordert als sich bei demselben operativen Eingriff unter allgemeiner Narkose nötig erweist, besteht für die Kranken selbst in vielen Beziehungen

ein grosser Nutzen darin, dass einerseits nach der Operation
ein Erbrechen oder die sonstigen nach allgemeinen Narkosen
auftretenden unangenehmen Erscheinungen und Zustände in
Wegfall kommen, andrerseits auch Erkrankungen der Athmungs-
organe, wie sie besonders nach Aethernarkosen bei älteren
Personen sich hin und wieder einstellen, vermieden werden.
Von hervorragender Bedeutung für die Gesundheit und
das Leben unsrer Patienten ist die örtliche Schmerzlosigkeit
ferner bei den Operationen der eingeklemmten Brüche oder
bei Ileusfällen, wo ein künstlicher After angelegt werden soll,
zumal bei solchen Erkrankungen der Allgemeinzustand der
Patienten mitunter ein derartiger ist, dass das Leben derselben
durch die Einleitung der allgemeinen Narkose in Gefahr gebracht wird, wenn nicht direkt, so doch durch deren Nach-
wirkungen, indem solche Kranken nach glücklich beendigter
Operation entweder im Collapse zu Grunde gehen oder nach
einigen Tagen Aspirationspneumonieen oder sonstigen Lungen-
entzündungen, welche in ursächlichen Zusammenhang mit der
allgemeinen Narkose zu bringen sind, zuweilen erliegen. In
Berücksichtigung dieser Thatsachen und auf grund der gemachten
guten Erfahrungen bei derlei Operationen unter lokaler Analgesie würde sich auch Verfasser so leicht nicht entschliessen,
beim Bruchschnitt oder bei der Anlegung eines künstlichen
Afters die allgemeine Narkose in Anwendung zu ziehen.
Was nun die Zeitdauer der unter örtlicher Schmerzlosigkeit ausgeführten Operationen anbelangt, so habe ich ohne be-
sondere Aufschreibungen darüber in den einzelnen Fällen gemacht zu haben, doch den bestimmten Eindruck gewonnen,
dass dieselbe nicht länger währt als bei denselben Operationen
unter allgemeiner Narkose, wenn man den Operationsbeginn
von dem Moment der Einleitung der Narkose in Rechnung
setzt; in manchen Fällen (Exstirpation kleiner Geschwülste,
Krampfaderunterbindungen, Operationen an Fingern und Zehen
etc.) ist sogar die Zeitdauer der lokal analgisch ausgeführten
Operation viel kürzer als sie bei Anwendung der allgemeinen
Narkose sein dürfte.

Auch der Wundschmerz nach Operationen unter örtlicher
Schmerzlosigkeit ist unsern Erfahrungen gemäss in vielen Fällen
geringer, als er sich nach den gleichen Operationen unter allgemeiner Narkose einzustellen pflegt, was wohl auf das all-
mähliche leise Verklingen der Cocain-Eucain-Einwirkung ursäch-
lich zurückzuführen ist.

Sind wir nun zu der Erkenntnis gelangt, dass es möglich ist, eine ganze Reihe von operativen Eingriffen unter lokaler Analgesie für die Patienten schmerzlos zu gestalten und
haben wir uns überzeugt, dass derlei Operationen für die
Kranken ungefährlich sind und unbeschadet ihrer Gesundheit
vorgenommen werden können, so erwächst uns Aerzten aus
dieser Erkenntnis und Ueberzeugung die Pflicht, in solchen
Fällen unter Wahrnehmung der früher geschilderten Umstände
und Vorsichtsmassregeln die gefährlichere allgemeine Narkose
mittels Chloroforms, Aether oder Bromäthyl nach Möglichkeit
zu vermeiden und an deren Stelle die lokale Analgesierung zu
setzen. Auf grund unserer an 258 Einzeloperationen gemachten
Erfahrungen unter örtlicher Schmerzlosigkeit können wir die
Methode der cirkulären Analgesierung in hierzu geeigneten
Fällen mit bester Zuversicht der Nachprüfung empfehlen. Immerhin erfordert die Erreichung einer den Arzt und Patienten völlig
befriedigenden lokalen Schmerzlosigkeit einen gewissen, wenn
auch relativ geringen Grad von technischer Geschicklichkeit,
welche jedoch wohl ein jeder Arzt, wenn er mit gutem festen
Willen an dieses ihm vorschwebende Ziel herantritt, sich an-
eignen kann. Wenn auch die ersten unter regionärer Schmerzlosigkeit vorgenommenen Operationen, zu welchen man zweck-
mässiger Weise leicht auszuführende und weder örtlich noch
zeitlich zu ausgedehnte operative Eingriffe wählt, nicht so ganz
glatt und hinreichend analgisch verlaufen sollten, so darf man

sich dadurch doch nicht beirren lassen oder darin eine Abhaltung vor der weiteren Anwendung erblicken, eingedenk des Wahrwortes: „Nemo nascitur sapiens, sed fit.“

Nicht unmöglich oder sogar wahrscheinlich ist es anzunehmen, dass auch schon viele andere Aerzte und Fachchirurgen in einer der beschriebenen ähnlichen oder sogar derselben Weise unter lokaler Analgesie operative Eingriffe ausgeführt haben, wenn auch in der mir zugänglichen Litteratur darüber keine Mitteilungen niedergelegt sind.

Tabellarische Uebersicht von 258 Operationen unter örtlicher Analgesie.

Lfde. Nr.	Name, Alter.	Diagnose.	Operation.	Analgeticum. Name.	Ver- brauch.	Bemerkungen.
			1893.			
1	Ernst S., 21 Jahre alt.	Phlegmonöse Entzündung am r. Daumenballen (Holzsplitter).	Incision und Entfernung des Holzsplitters.	2% Cocain und Aethyl- chlorid.	0,04	Völlige Analgesie.
2	Louise R., 25 Jahre.	Weichteilwunde am l. Kleinfingerballen (5 cm lang).	Desinfection, Naht.	2% Cocain.	0,03	Dto.
3	Karl E., 39 Jahre.	Hygroma praepatellare.	Incision, Drainage.	2% Cocain, Aethylchlor.	0,04	Esmarch'scher Schlauch. Genügende Analgesie.
4	Frau M., 50 Jahre.	Ganglion am Handrücken rechts.	Exstirpation des Sackes.	2% Cocain, Aethylchlor.	0,03	Nicaise Binde an Oberarm.
5	Karl J., 30 Jahre.	Papillom am harten Gaumen.	Exstirpation, Naht.	2% Cocain submucös. Auftupfen v. 10% Cocain	0,02	Völlige Analgesie.
6	Lina M., 18 Jahre.	Subcutan abgebrochene Nadel im r. Mittelfinger.	Entfernung der Nadel.	2% Cocain.	0,03	Gummischlauch an der Basis des Fingers Völlige Toleranz.

7	Frau J., 49 Jahre.	Atherom am oberen Orbitalrand r.	Exstirpation, Naht.	2% Cocain, Aethylchlor.	0,03	Völlige Toleranz.
8	Frau C., 24 Jahre.	Subcutan abgebrochene Nadel im l. Daumenballen.	Entfernung der Nadel (3 cm lang).	Dto.	0,04	Nicuse Binde am Oberarm. Genügende Analgesie.
9	Max G., 44 Jahre.	Atherom an der Nasenwurzel.	Exstirpation, Naht.	Dto.	0,02	Völlige Analgesie.
10	Herr F., 30 Jahre.	Furunkel am l. Oberschenkel.	Incision.	2% Cocain.	0,04	Gute Analgesie.
11	Gustav Z., 38 Jahre.	Multiple Atherome.	Exstirpationen, Nähte.	2% Cocain, Aethylchlor.	3 mal 0,02	Dto.
12	Philipp W.	Panaritium am l. Zeigefinger.	Incision.	2% Cocain.	0,04	Genügende Analgesie.

1894.

13	Herr L., 73 Jahre.	Kleiner Tumor am r. Mundwinkel.	Excision des r. Mundwinkels, Nähte.	2% Coc.; auf die Schleimhaut des Mundwinkels 10% Cocain in Gaze aufgelegt.	0,04	Nicht völlig genügende Analgesie.
14	Clara Sch., 10 Jahre.	Schleimcyste an der Unterlippe r.	Exstirpation, Naht.	2% Cocain nach Auflage von 10%.	0,02	Gute Analgesie.

Lfde. Nr.	Name, Alter.	Diagnose.	Operation.	Analgeticum. Name.	Verbrauch.	Bemerkungen.
15	Frau Sch., 40 Jahre.	Papillom am r. Zeigefinger.	Abtragung; Cauterisation mit Pacquelin.	2% Cocain.	0,03	Gummischlauch an der Fingerbasis.
16	Herr St., 25 Jahre.	Atherom auf der Wange r.	Exstirpation, Naht.	2% Cocain, Aethylchlor.	0,03	Ausreichende Analgesie.
17	Emmy D., 14 Jahre.	Eingewachsener Nagel der grossen Zehe r.	Extraction des Nagels.	Dto.	0,03	Gummischlauch. Völlige Analgesie.
18	Max G., 46 Jahre.	Atherom an der Nasenwurzel.	Exstirpation, Naht.	Dto.	0,02	Gute Analgesie.
19	Frau K., 53 Jahre.	Krampfadern am r. Unterschenkel.	Unterbindung u. Resection der Ven. saphen. magn.	Dto.	0,04	Dto.
20	Charlotte B., 63 Jahre.	Recidivtumor nach Mammaexstirpation.	Exstirpation, Naht.	Dto.	0,04	Dto.
21	Herr J., 24 Jahre.	Phimosis.	Spaltung mit Bildung eines dorsalen Läppchens, Naht.	2% Cocain.	0,04	Dto.
22	Richard K., 21 Jahre.	Neuralgie des Nerv. Supraorbitalis r.	Injection an den Nervenstamm.	Dto.	0,01	An verschiedenen Tagen 2% Cocainlösung an den Nervenstamm gespritzt mit vorübergehendem Erfolg.

23	Karl K., 54 Jahre.	Paraphimose.	Spaltung, Naht.	2% Cocain.	0,04	Ausreichende Analgesie.
24	Elisabeth M., 17 Jahre.	Eingewachsener Nagel der r. grossen Zehe.	Extraction des Nagels.	2% Cocain, Aethylchlor.	0,03	Dto. Geht nach der Operation ohne Schmerzen nach Hause.
25	Karl F., 21 Jahre.	Krampfadern am r. Unterschenkel.	Unterbindung und Resection der Ven. saphen. magn.	Dto.	0,04	Völlige Analgesie.
26	Frau F., 36 Jahre.	Krampfadern an beiden Beinen.	Unterbindung u. Resection der Ven. saphen. magn. an beiden Oberschenkeln.	Dto.	2 mal je 0,03	Dto.
27	Frau J., 27 Jahre.	Eingewachsene Nagelreste an der r. grossen Zehe.	Excision des Nagelbettes.	2% Cocain	0,04	Gummischlauch. Völlige Analgesie.
28	Johann M., 73 Jahre.	Congestionsabscess am Oberschenkel l.	Punction mit Eiterentleerung. (5 mal).	2% Cocain, Aethylchlor.	jedesmal 0,02	Völlige Analgesie.
29	Johanna N., 31 Jahre.	Abscess an'l. Kleinfinger.	Incision.	Dto.	0,03	Dto.
30	Leopold W., 17 Jahre.	Paraphimose.	Incision, Naht.	2% Cocain.	0,04	Dto.
31	Fräulein H., 21 Jahre.	Panaritium am r. Daumen.	Incision.	Dto.	0,03	Gummischlauch. Völlige Analgesie.

Lfde. Nr.	Name, Alter.	Diagnose.	Operation.	Analgeticum. Name.	Verbrauch.	Bemerkungen.
32	Frau K., 47 Jahre.	Krampfadern an beiden Beinen.	Links Unterbindung und Resection beider Saphenae, rechts nur der Saphen. magn.	2% Cocain, Aethylchlor.	3 mal 1) 0,02 2) 0,01 3) 0,03 $\overline{0,06}$	Gute Analgesie.
			1895.			
33	Frau D., 53 Jahre.	Eingeklemmter Schenkelbruch l.	Herniotomie, Resection eines Netzklumpens, Naht.	2% Cocain, Aethylchlor.	0,05	Vorher Morph. 0,015 subcut. Das Netz selbst erwies sich gegen Berührung schmerzlos, ebenso der Dünndarm; nur durfte man an beiden nicht ziehen. Genügende Analgesie.
34	Frau B., 37 Jahre.	Ganglion am Handrücken r.	Exstirpation, Naht.	2% Cocain, Aethylchlor.	0,03	Nicaise Binde, zuerst unvollkommene, dann völlige Analgesie.
35	Richard K., 21 Jahre.	Neuralgie des Nerv. Supraorbital. r.	Neuroxairese, Naht.	Dto.	0,04	Die Freilegung des Nerven schmerzlos; die Herausdrehung des Nerven jedoch schmerzhaft.
36	Frau Sch., 30 Jahre.	Eingewachsener Nagel der l. grossen Zehe.	Extraction, des Nagels.	Dto.	0,03	Gute Analgesie, Gummischlauch.

37	Anton M., 17 Jahre.	Eingewachsener Nagel der l. grossen Zehe.	Auf Verlangen Extraction nur des halben Nagels.	2% Cocain, Aethylchlor.	0,03	Gute Analgesie, Gummischlauch.
38	Frl. R., 30 Jahre.	Glassplitter im r. Handrücken.	Extraction des Splitters.	Dto.	0,03	Nicaise Binde. Hinreichende Analgesie.
39	Frau P., 42 Jahre.	Krampfadern am Unterschenkel r.	Unterbindung u. Resection der Ven. saphen. magn. am Oberschenkel r.	Dto.	0,04	Gute Analgesie.
40	Frau D., 55 Jahre.	Krampfadern am l. Unterschenkel, Ulcera cruris.	Unterbindung u. Resection der Ven. saphen. magn. am Oberschenkel l.	Dto.	0,04	Dto. Patientin sah der Operation zu und fand es komisch, dass sie keinen Schmerz empfände.
41	Herr St., 23 Jahre.	Holzsplitter unter dem Nagel des r. Ringfingers.	Exstirpation.	2% Cocain.	0,03	Gummischlauch. Völlige Analgesie.
42	Dr. med. L., prakt. Arzt. 36 Jahre.	Hernia umbilicalis.	Radicaloperation, Naht.	2% Cocain, Aethylchlor.	0,05	Genügende Analgesie.
43	Frau Sch., 24 Jahre.	Eingewachsener Nagel der l. grossen Zehe.	Extraction des Nagels.	Dto.	0,03	Gummischlauch. Völlige Analgesie.
44	Herr de F., 47 Jahre.	Vereitertes Atherom an der Wade l.	Exstirpation, Naht.	Dto.	0,04	Völlige Analgesie.

Lfde. Nr.	Name, Alter.	Diagnose.	Operation	Analgeticum Name.	Verbrauch.	Bemerkungen.
45	Frl. H., 50 Jahre.	Kleines Adenom. an der Oberlippe l.	Keilförmige Excision, Naht.	Cocain 2%, Auflage von 10% Coc.	0,03	Die Arter. coronaria wurde zu beiden Seiten der Geschwulst durch kleine Hasenschartenklemmen abgesperrt. Gute Analgesie.
46	Frau G., 30 Jahre.	Drüsenabscess am Halse l.	Incision, Drainage.	2% Cocain, Aethylchlor.	0,04	Dto.
47	Frl. St., 18 Jahre.	Krampfadern am Unterschenkel r.	Unterbindung u. Resection der Ven. saphen. minor.	Dto.	0,03	Dto.
48	Frau Sch., 51 Jahre.	Abscess am r. Oberschenkel.	Incision, Drainage.	Dto.	0,03	Dto.
49	Frau L., 47 Jahre.	Lebercarcinom, Ascites.	Incision bis auf die Bauchdecken, Punction.	Dto.	0,04	Dto. Der Pannicul. adipos. war so enorm, dass kein Troicart lang genug war zur Punction.
50	Frau B., 39 Jahre.	Multiple Atherome auf dem Kopfe.	Exstirpation, Naht.	Dto	3 mal 0,02	Genügende Analgesie.
51	Frau Sch., 51 Jahre.	Krampfadern am r. Beine.	Unterbindung u. Resection der Ven. saphen. magna.	Dto.	0,04	Gute Analgesie.

52	Maria B., 9 Jahre.	Tumor am l. Unterschenkel.	Exstirpation, Naht.	2% Cocain, Aethylchlor.	0,03	Niraise Binde. Völlige Analgesie. Kind verhielt sich ganz ruhig.
53	Frau K., 30 Jahre.	Eingeklemmter Schenkelbruch r.	Herniotomie, Radicaloperation, Naht.	Dto.	0,06	Vorher 0,015 Morph. subc. Völlige Analgesie.
54	Frl. T., 16 Jahre.	Atherom auf der l. Schulter.	Exstirpation, Naht.	Dto.	0,03	Völlige Analgesie.
55	Frau M., 38 Jahre.	Krampfadern am r. Unterschenkel, Ulcera cruris.	Unterbindung und Resection der Ven. saphena magna am Oberschenkel.	Dto.	0,04	Dto.
56	Wilhelm B., 19 Jahre.	Traumatische Gangrän am r. Zeigefinger.	Exarticulation im l. Fingergelenk, Naht.	2% Cocain,	0,04	Gummischlauch. Völlige Analgesie.
57	Frau E., 32 Jahre.	Krampfadern am l. Unterschenkel.	Unterbindung 2 stark erweiterter Venenstämme.	2% Cocain, Aethylchlor.	2mal 0,03	Völlige Analgesie.
58	Frhr. v. R., 63 Jahre.	Subcutan abgebrochene Nadel im l. Oberschenkel.	Extraction, Naht.	Dto.	0,03	Dto.
59	Frau Sch., 41 Jahre.	Krampfadern an beiden Beinen.	Unterbindung u. Resection d.Vena saph. magn. beiderseits.	Dto.	2 mal je 0,02	Dto.
60	Frau A., 40 Jahre.	Enorme Krampfadern an beiden Beinen.	Rechts 2 mal Unterbindung der Saphen. magn; l.Stamm der Saph. am Oberschenk.	Dto.	3mal je 0,02	Dto.

Lfde. Nr.	Name, Alter.	Diagnose.	Operation.	Analgeticum. Name.	Ver- brauch.	Bemerkungen.
61	Frl. B., 32 Jahre.	Krampfadern an beiden Unterschenkeln, Geschwüre.	Unterbindung und Re- section der Saphen. minor an beiden Beinen.	2% Cocain, Aethylchlor.	2mal je 0,02	Völlige Analgesie.
62	Frl. E., 19 Jahre.	Ganglion am r. Hand- rücken.	Exstirpation, Naht.	Dto.	0,03	Nicaise Binde. Völlige Analgesie.
63	Frau Sch., 41 Jahre.	Krampfadern am r. Unter- schenkel.	Unterbindung u. Resection der Ven. saphen. minor.	Dto.	0,03	Völlige Analgesie.
64	Herr R., 40 Jahre.	Eingewachsener Nagel an der grossen Zehe r.	Auf Verlangen Entfernung des halben Nagels.	Dto.	0,03	Gummischlauch. Völlige Analgesie.
65	Frau P., 27 Jahre.	Krampfadern an beiden Unterschenkeln.	Unterbindung und Re- section beider Saphen. minor.	Dto.	2mal je 0,02	Völlige Analgesie.
66	Philipp R., 11 Jahre.	Weichteilfistel am l. Unterarm.	Incision, Tamponade.	Dto.	0,04	Nicaise Binde. Gute Analgesie.
67	Frau M., 56 Jahre.	Papillon am r. Ober- schenkel.	Exstirpation, Naht.	Dto.	0,03	Gute Analgesie.
68	Frau M., 40 Jahre.	Eingeklemmter Nabel- bruch.	Herniotomie, Naht.	Dto.	0,05	Dto.
69	Frl. J., 22 Jahre.	Eingewachsener Nagel an der grossen Zehe r.	Extraction des Nagels.	Dto.	0,03	Völlige Analgesie. Gummischlauch. Geht ohne Schmerz nach Hause.

			2% Cocain, Aethylchlor.		
70	Frau K., 54 Jahre.	Krampfadern am l. Unterschenkel.	Unterbindung und Resection der Ven. saphen. magn. am Condyl intern. tibiae.		0,03	Völlige Analgesie.
71	Herr B., 43 Jahre.	Dupuytrensche Contractur an beiden Händen.	Exstirpation des fibrösen Stranges r., Naht.	Dto.	0,04	Nicaise Binde. Analgesie zuerst nicht ganz vollkommen, erst nach nochmaliger Injection.
72	Herr G., 30 Jahre.	Blasenstein, Cystitis.	Sectio alta, Entfernung des Steines.	Dto.	0,06	Vor Operation 0,02 Morph. muriat. subcutan. Hinreichende Analgesie.
73	Frl. St., 15 Jahre.	Ganglion am r. Handrücken.	Exstirpation, Naht.	Dto.	0,03	Gute Analgesie. Nicaise Binde.
74	Frau D., 64 Jahre.	Krampfadern an beiden Beinen.	Unterbindung und Resection beider Ven. saphen. magn. am Oberschenkel.	Dto.	2 mal je 0,02	Gute Analgesie.
75	Herr B., 43 Jahre.	Dupuytrensche Contractur an der l. Hand.	Exstirpation des fibrösen Stranges, Naht.	Dto.	0,03	Dto. Nicaise Binde.
76	Herr Sch., 73 Jahre.	Cancroid an der Nasenwurzel.	Exstirpation, Lappenbildung, Naht.	Dto.	0,05	Gute Analgesie.
77	Herr B., 59 Jahre.	Vereitertes Atherom am l. Orbitalrand.	Exstirpation, Naht.	Dto.	0,04	Völlige Analgesie.

Lfde. Nr.	Name, Alter.	Diagnose.	Operation.	Analgeticum. Name.	Verbrauch.	Bemerkungen.
78	Herr D., 35 Jahre.	Enorme Krampfadern an beiden Beinen.	Exstirpation eines Varix dicht unterhalb der Fossa ovalis, sowie Unterbindung u. Resection der Saphen. magna am inneren Femur condylus.	2% Cocaïn, Aethylchlor.	2 mal: für den Varix 0,03, zur Unterbind. 0,02	Die Analgesie bei der Exstirpation des Varix war nicht ganz vollkommen.
79	Heinrich H., 37 Jahre.	Fistula ani.	Spaltung, Tamponade.	2% Cocaïn.	0,01	Analgesie nicht vollkommen.
80	Frau A., 43 Jahre.	Krampfadern am linken Unterschenkel.	Unterbindung u. Resection der Ven. saphen. magna an 2 Stellen.	2% Cocaïn, Aethylchlor.	2 mal: 0,02 und 0,03	Gute Analgesie.
81	Frau C., 47 Jahre.	Eingeklemmter Schenkelbruch r.	Herniotomie, Radicaloperation.	Dto.	0,05	Vorher Morph. muriat. 0,015 subcutan. Der Darm war für blosse Berührung nicht empfindl.
82	Frau R., 48 Jahre	Multiple Atherome auf dem Kopfe.	Exstirpation, Naht.	Dto.	3 mal: 1. u. 2. à 0,02, 3. à 0,01	Genügende Analgesie.

			2%/o Cocain, Aethylchlor.		
83	Herr R., 28 Jahre.	Fibrom an der Stirne l.	Exstirpation, Naht.	2%/o Cocain, Aethylchlor.	0,04	Völlige Analgesie.
84	Herr M., 18 Jahre.	Eingewachsener Nagel der grossen Zehe l.	Extraction des Nagels.	Dto.	0,03	Gummischlauch. Völlige Analgesie. Geht ohne Schmerz nach Hause.
85	Frau H., 49 Jahre.	Paraarticulärer Abscess am l. Knie.	Incision, Drainage.	Dto.	0,03	Gute Analgesie.
86	Frau S., 39 Jahre.	Krampfadern an beiden Beinen.	Unterbindung u. Resection der Vena saphen. magn. am l. Oberschenkel.	Dto.	0,04	Dto.
87	Herr R., 68 Jahre.	Krampfadern an beiden Beinen.	Unterbindung u. Resection der Ven. saphen. magn. am Condyl. intern. tibiae beiderseits.	Dto.	2 mal je 0,02	Dto. Die Analgesie hält bis fast zum Abend an.
88	Julio I., 2 Jahre.	Abscess im Nacken.	Incision, Drainage.	Dto.	0,02	Gute Analgesie.
89	Frau S., 39 Jahre.	Krampfadern am l. Unterschenkel.	Unterbindung u. Resection der Ven. saphen. magn. am Cond. intern. tibiae sin.	Dto.	0,03	Gute Analgesie.
90	Herr S., 27 Jahre.	Multiple Atherome im Nacken.	Exstirpation, Naht.	Dto.	2 mal je 0,02	Analgesie nicht völlig befriedigend.

Lfde. Nr.	Name, Alter.	Diagnose.	Operation.	Analgeticum. Name.	Ver-braucht.	Bemerkungen
91	Frau R., 39 Jahre.	Krampfadern und ulcera cruris l.	Unterbindung u. Resection der Ven. saphen. magn. u. minor.	2% Cocain, Aethylchlor.	2mal je 0,02	Gute Analgesie.
92	Friedr. St., 36 Jahre.	Fibrom an der Stirne l.	Exstirpation, Naht.	Dto.	0,04	Dto.
93	Frau V., 29 Jahre.	Abscess in der Darmbein-grube r.	Incision, Drainage.	Dto.	0,05	Gute Analgesie.
94	Frau D., 53 Jahre.	Krampfadern am linken Unterschenkel, Ulcera cruris.	Unterbindung u. Resection der Ven. saphen. minor.	Dto.	0,03	Dto.
95	Herr G., 43 Jahre.	Vereitertes Atherom am Halse r.	Exstirpation, Naht.	Dto.	0,04	Dto.
96	Frl. M., 18 Jahre.	Eingewachsener Nagel der grossen Zehe r.	Extraction des Nagels.	Dto.	0,03	Gummischlauch. Völlige Analgesie. Geht nach Operation ohne Schmerz nach Hause.
97	Herr R., 32 Jahre.	Hämatocele testis sin.	Incision, Drainage.	Dto.	0,04	Gute Analgesie.
98	Frau Sch., 43 Jahre.	Krampfadern an beiden Beinen.	Unterbindung u. Resection der Ven. saph. magn. l. in d. Mitte d. Oberschenkels, r. am Condyl. intern. femor.	Dto.	2mal: 1) 0,03 2) 0,02	Dto.

99	Frl. F., 60 Jahre.	Krampfadern am r. Beine.	Unterbindung u. Resection der Saphen. magn. am Oberschenkel.	2% Cocain, Aethylchlor.	0,03	Gute Analgesie.
100	Herr R., 32 Jahre.	Narbentumor am Penis an der Anheftungsstelle des Praeputiums.	Exstirpation, Naht.	2% Cocain.	0,04	Nicht völlig befriedigende Analgesie.
101	Herr M., 55 Jahre.	Krampfadern am linken Unterschenkel.	Unterbindung u. Resection der Ven. saphen. magn. u. minor.	2% Cocain, Aethylchlor.	2mal je 0,02	Gute Analgesie.
102	Frl. H., 20 Jahre.	Vereiterte Drüse in der Unterkinngegend.	Exstirpation, Naht.	Dto.	0,04	Dto.
103	Herr Sch., 38 Jahre.	Abscess an der linken Schläfe.	Incision, Drainage.	2% Eucain, Aethylchlor.	0,03	Die Injection der Eucainlösung verursachte Brennen. Analgesie gut.
104	Frl. M., 32 Jahre.	Chalacion am oberen Auglid l.	Excision, Naht.	2% Eucain.	0,02	Die Injection verursachte Brennen. Analgesie nicht ganz befriedigend.
105	Herr S., 23 Jahre.	Abscess am Anus r.	Incision.	2% Eucain.	0,02	Pat. klagt auch über etwas Brennen bei der Injection.
106	Frau B., 41 Jahre.	Krampfadern am r. Beine.	Unterbindung u. Resection der Ven. saphen. magn. am Oberschenkel.	2% Cocain, Aethylchlor.	0,03	Gute Analgesie.

Lfde. Nr.	Name, Alter.	Diagnose.	Operation.	Analgeticum. Name.	Verbrauch.	Bemerkungen.
107	Walther L., 9 Jahre.	Subcutan abgebrochener und eingeheilter Holzsplitter hinter dem r. Ohre.	Incision, Entfernung des Holzsplitters.	2% Cocain, Aethylchlor.	0,02	Gute Analgesie.
108	Frl. Sch., 15 Jahre.	Eingeheiltes Porzellanscherbchen am l. Mittelfinger.	Incision, Entfernung des Scherbchens.	2% Eucain, Aethylchlor.	0,02	Gummischlauch. Leichtes Brennen b. Inject. Gute Analgesie.
109	Herr B., 63 Jahre.	Furunkel auf dem Scheitel.	Incision.	2% Eucain, Aethylchlor.	0,02	Ebenfalls leichtes Brennen bei Injection. Gute Analgesie.
110	Franz E., 10 Jahre.	Krampfadern am linken Unterschenkel.	Unterbindung u. Resection zweier erweiterter Venenstämme.	1) 2% Cocain, 2) 2% Euc., Aethylchlor.	2 mal: 1) Coc. 0,02, 2) Euc. 0,02	Bei Cocain gute Analgesie. Bei Eucain Klage über Brennen bei Injection. Analgesie gut.
111	Herr E., 52 Jahre.	Vereitertes Atherom im Rücken.	Exstirpation, Naht.	2% Cocain, Aethylchlor.	0,03	Gute Analgesie.
112	Frau St. 71 Jahre.	Pleuritis exsudativa.	Punction und Entleerung des Exsudats.	2% Eucain, Aethylchlor.	0,02	Bei der Injection Klagen über leichtes Brennen. Analgesie gut.
113	Herr D., 92 Jahre.	Magencarcinom.	Probelaparotomie.	2% Eucain, Aethylchlor.	0,05	Klagt sehr über das Brennen bei der Injection. Sonst Analgesie genügend.

114	Frau L., 49 Jahre.	Krampfadern am rechten Unterschenkel, Geschwüre.	Unterbindung u. Resection der Ven. saphen. magn.	2% Cocain, Aethylchlor.	0,04	Völlige Analgesie.
115	Karl H., 42 Jahre.	Appendicitis perforativa puralenta.	Incision, Drainage.	2% Cocain, Aethylchlor.	0,06	Gute Analgesie.
116	Frl. Sch., 27 Jahre.	Caries dent. molar. II ob. r.	Extraction.	5% Eucain.	0,05	Leicht brennendes Gefühl bei Injection. Nicht völlige Analgesie.
117	Frl. H., 22 Jahre.	Caries dent. molar. I. ob. r.	Extraction.	5% Eucain.	0,05	Leichtes Brennen bei Injection. Dto.
118	Karl D., 40 Jahre.	3 Wochen alte Sehnendurchschneidung der beiden Beugesehnen des r. Zeigefingers.	Incision, Sehnennaht.	5% Eucain.	0,1	Klagt über Brennen bei der Einspritzung. Sonst Analgesie genügend. Nicaise Binde.
119	Herr M., 33 Jahre.	Caries am lateralen Unaento r.	Incision, Ausschabung des Knochens, Abmeisselung der Knochenränder, Cauterisation der Knochenhöhle mit dem Galvanokauter.	Coe. Euc. aua 1:100	0,04	Nicaise Binde. Kein Brennen bei Injection. Gute Analgesie. Das Ausbrennen der Knochenhöhle, die vorher mit 5% Eucain ausgetupft wurde, wird als angenehmes Wärmegefühl empfunden.

Lfde. Nr.	Name, Alter.	Diagnose.	Operation.	Analgeticum. Name.	Verbrauch.	Bemerkungen.
120	Frl. N., 33 Jahre.	Coccygodynie.	Injectionen.	Coc. Euc. ana 1 : 100.	An 3 versch. Tagen Inject. v. 0,01	Einspritzung brennt nicht; danach Aufhören des Schmerzes.
121	Herr H., 21 Jahre.	Eingewachsener Nagel der grossen Zehe r.	Extraction des Nagels.	Coc. Euc. ana 1 : 100.	0,015	Gummischlauch. Gute Analgesie. Geht ohne Schmerzempfindung nach Hause.
122	Herr M., 43 Jahre.	Eingewachsener Nagel der grossen Zehe r.	Extraction des Nagels.	Coc. Euc. ana 1 : 100.	0,015	Dto.
123	Susanna G., 12 Jahre.	Vereiterte Cubitaldrüse am linken Ellenbogen, Abscess am Oberarm.	Exstirpation der Drüse, Incision und Auslöffelung des Abscesses.	Coc. Euc. ana 1 : 100.	0,04	Nicaise Binde. Gute Analgesie.
124	Frau B., 47 Jahre.	Krampfadern am rechten Beine.	Unterbindung der Ven. saphen. unterhalb des Condyl. intern tibine und am Oberschenkel.	Coc. Euc. ana 1 : 100, Aethylchlor.	2 mal: unten 0,015, oben 0,03	Gute Analgesie.

Nr.	Name, Alter	Diagnose	Operation	Anästhetikum	Menge	Resultat
125	Otto R., 4 Jahre.	Abscess am linken Ober-arm.	Incision, Drainage.	Coc. Euc. ana 1 : 100, Aethylchlor.	0,03	Gute Analgesie
126	Frau F., 30 Jahre.	Vereiterte Drüse am linken Kieferrande.	Exstirpation, Drainage, Naht.	Dto.	0,01	Dto.
127	Franz Sch., 29 Jahre.	Krampfadern an beiden Beinen.	Unterbindung u. Resection von Ven. saphen magn. u. minor rechts, Saphena minor links.	Dto.	3 mal 0,02	Dto.
128	Frau G., 46 Jahre.	Recidivtumor nach Mamma-exstirpation.	Exstirpation, Naht.	Dto.	0,05	Gute Analgesie.
129	Frau E., 43 Jahre.	Abgekapselter Parotis-tumor rechts.	Exstirpation, Naht.	Dto.	0,04	Dto.
130	Frau R., 60 Jahre.	Ueber Orangengrosses Atherom auf dem Kopfe.	Exstirpation, Naht.	Dto.	0,04	Völlige Analgesie.
131	Herr S.	Dupuytren'sche Contractur am r. Ringfinger.	Exstirpation des fibrösen Stranges, Naht.	Dto.	0,03	Dto.
132	Hermann V., 4 Jahre.	Phimose.	Spaltung und Bildung eines dorsalen Läppchens.	Coc. Euc. ana 1 : 100.	0,03	Völlige Analgesie. Kind war absolut ruhig während der Operation.

Lfde. Nr.	Name, Alter.	Diagnose.	Operation.	Analgeticum. Name.	Analgeticum. Verbrauch.	Bemerkungen.
133	Dr. med. S., prakt. Arzt, 26 Jahre.	Irreponibler Leistenbruch links.	Herniotomie, Radicaloperation, Naht.	Coc. Euc. ana 1 : 100, Aethylchlor.	0,06	Vor der Operation 0,02 Morph. subcutan. Resection eines Netzzipfels absolut schmerzlos. Ziehen am Netz löst Schmerzen aus. Sonst Analgesie genügend.
134	Frau E., 54 Jahre.	Hygroma praepatellare.	Incision, Drainage.	Dto.	0,02	Esmarch'scher Schlauch. Gute Analgesie.
135	Herr R.	Entzündeter Schleimbeutel am linken Fusse.	Exstirpation, Naht.	Dto.	0,03	Dto.
136	Frl. B., 19 Jahre.	Drüsenabscess am Halse rechts.	Incision, Drainage.	Dto.	0,02	Dto.
137	Frl. B., 40 Jahre.	Krampfadern am rechten Beine.	Unterbindung u. Resection der Vena. saphen. magn. am Oberschenkel.	Dto.	0,03	Völlige Analgesie.
138	August H., 29 Jahre.	Eitrige Blinddarmentzündung.	Incision, Drainage.	Dto.	0,05	Gute Analgesie.

139	Frau Qu.	Schleimcyste an der Unterlippe.	Exstirpation, Naht.	Coc. Euc. ana 1 : 100, 5% Eucain aufgelegt.	0,02	Gute Analgesie.
140	Frl B., 57 Jahre.	Krampfadern am linken Beine.	Unterbindung u. Resection der Ven. saphen. magn. am Oberschenkel.	Coc. Euc. ana 1 : 100, Aethylchlor.	0,02	Völlige Analgesie.
141	Frau L, 63 Jahre.	Kleiner Tumor an der Zunge links.	Exstirpation. Naht.	Coc. Euc. ana 1 : 100, 10% Coc. aufgelegt.	0,02	Dto.
142	Frl. M., 17 Jahre.	Unguis incarnatus der r. grossen Zehe.	Extraction des Nagels.	Coc. Euc. ana 1 : 100, Aethylchlor.	0,015	Gummischlauch. Geht nach der Operation ohne Schmerz nach Hause.
143	Herr S., 64 Jahre.	Angiom am Alveolarrand des Oberkiefers.	Exstirpation, Cauterisation der Wundfläche mit glühendem Platindraht.	Coc. Euc. ana 1 : 100, 5% Eucain aufgelegt.	0,015	Gute Analgesie.
144	Frl. B., 19 Jahre.	Abscess am Halse vorn.	Incision, Drainage.	Coc. Euc. ana 1 : 100, Aethylchlor.	0,02	Dto.
145	Richard Sch. 21 Jahre.	Lipom am link. Unterarm.	Exstirpation, Naht.	Dto.	0,02	Dto. Neuige Binde.

Lfde. Nr.	Name, Alter.	Diagnose.	Operation.	Analgeticum. Name.	Ver-brauch.	Bemerkungen.
146	Herr B., 37 Jahre.	Krampfadern am linken Unterschenkel, Geschwür.	Unterbindung u. Resection der Ven. saphen minor.	Coc. Euc. ana 1 : 100, Aethylchlor.	0,02	Völlige Analgesie.
147	Herr H., 62 Jahre.	Krampfadern an beiden Beinen.	Unterbindung u. Resection der Ven. saphen. magn. beiderseits am Oberschenkel.	Dto.	2 mal 0,02	Dto.
148	Frau T.	Krampfadern am linken Beine.	Unterbindung u. Resection der Ven. saphen. magn. am Oberschenkel.	Dto.	0,02	Völlige Analgesie.
149	Herr G., 62 Jahre.	Tuberculose des r. Testis.	Exstirpation testis dextr., Naht.	Dto.	0,06	Gute Analgesie.
150	Herr R., 48 Jahre.	Apfelgrosses Sarcom an der Mandibula links adhaerent.	Exstirpation, Abmeisselung des Kieferwinkels, Naht.	Dto.	0,06	Freilegung des Tumors schmerzlos; bei der Exstirpation in der Tiefe Analgesie nicht genügend.
151	Alwine Sch., 8 Jahre.	Drüsen am Kieferwinkel links.	Exstirpation, Naht.	Dto.	0,04	Gute Analgesie. Kind hielt völlig ruhig.

152	Herr M., 65 Jahre.	Faustgrosses Lipom am Hinterhaupt.	Exstirpation, Naht.	Coc. Euc. ana 1 : 100, Aethylchlor.	0,04	Gute Analgesie.
153	Leo B., 28 Jahre.	Linkseitiger Scrotalbruch angeboren.	Radicaloperation, Naht.	Dto.	0,05	Freilegung des Bruchsackes schmerzlos. Ablösung des Funicul. schmerzhaft.
154	Frl. J. 22 Jahre.	Krampfadern an beiden Beinen.	Unterbindung u. Resection eines erweiterten Venenstammes am linken Unterschenkel.	Dto.	0,02	Völlige Analgesie. Versuch rechts ohne Coc.-Eucain-Einspritzung die Unterbindung zu machen, gelingt nicht, da zu schmerzhaft.
155	Dr. med. B, Professor, 36 Jahre.	Vereiterte Drüse in der Regio inguinal. links nach Erysipeloid am Fusse.	Exstirpation, Tamponade, (+ Unterbindungen), Naht.	Dto.	0,05	Völlige Analgesie. Die Sublimatausspülung d. frischen Wunde wird als ganz angenehm empfund.
156	Wilhelm R., 31 Jahre.	Abscess am harten Gaumen.	Incision, Tamponade.	Coc. Euc. ana 1 : 100, 5% Cocain aufgelegt.	0,01	Gute Analgesie.
157	Herr W., 58 Jahre.	Ulceröse Fissura ani.	Spaltung des Sphinkter ani, Excision des ulcus, Tamponade.	Coc. Euc. ana 1 : 100, Aethylchlor.	Am 1. Tage zur Untersuchung 0,03 in den Sphinkter, bei Operation 0,04	Völlige Analgesie.

Lfde. Nr.	Name, Alter.	Diagnose.	Operation.	Analgeticum. Name.	Ver-brauch.	Bemerkungen.
158	Frau Sch., 60 Jahre.	Krampfadern am r. Beine.	Unterbindung u. Resection der Vena saphen. magn. am Oberschenkel.	Coc. Euc. ana 1 : 100, Aethylchlor.	0,02	Völlige Analgesie.
159	Herr T., 28 Jahre.	Ueber Kindskopf grosser pseudo-fluctuierender Tumor des linken Testis.	Probe-Punction.	Coc. Euc. ana 1 : 100.	0,01	Punction schmerzlos.
160	Dr. med. G., Arzt.	Subcutan abgebrochener Holzsplitter im linken Oberschenkel.	Incision, Extraction, Naht.	Coc. Euc. ana 1 : 100, Aethylchlor.	0,015	Völlige Analgesie.
161	Herr K., 50 Jahre.	Krampfadern am linken Beine.	Unterbindung u. Resection der Ven. saphen. magn. am Oberschenkel.	Dto.	0,02	Dto.
162	Frau R., 69 Jahre.	Cystischer Tumor in der linken Mamma.	Exstirpation, Naht.	Dto.	0,06	Gute Analgesie.
163	Herr S., 25 Jahre.	Abscess am anus rechts.	Incision, Drainage.	Dto.	0,02	Dto.
164	Frl. T., 23 Jahre	Irreponibler Schenkel-bruch links.	Herniotomie, Radicalope-ration, Naht.	Dto.	0,05	Völlige Analgesie. Vorher 0,01 Morph. subcut.

165	Herr K., 50 Jahre.	Praepatellares, Hygrom links.	Incision, Drainage.	Coc. Euc. ana 1 : 100, Aethylchlor.	0,02	Gute Analgesie.
166	Frau B., 44 Jahre.	Krampfadern am linken Unterschenkel.	Unterbindung u. Resection der Ven. saphen. magn. am Oberschenkel.	Dto.	0,025	Dto.
167	Frau W., 41 Jahre.	Enorme Krampfadern am linken Beine, Geschwüre.	Unterbindung u. Resection der Ven. saphen. magn. am Oberschenkel.	Dto.	0,02	Dto. Geht nach d. Operation ohne Schmerz nach Hause.
168	Frl. D., 15 Jahre.	Eingewachsener Nagel an der grossen Zehe r.	Extraction des Nagels.	Dto.	0,015	Gummischlauch. Geht nach d. Operation ohne Schmerz nach Hause.
169	Herr R.	Atherom am Halse rechts.	Exstirpation, Naht.	Dto.	0,015	Völlige Analgesie.
170	Dr. med. J. prakt. Arzt.	Enges Praeputium.	Incision, quere Vernähung.	Coc. Euc. ana 1 : 100.	0,015	Völlige Analgesie.
171	Herr S., 40 Jahre.	Grosser Karbunkel im Nacken.	Kreuzweise Incision, Tamponade.	Dto.	0,05	Genügende Analgesie.
172	Frhr. v. M., 30 Jahre.	Hämorrhoidalknoten.	Carbolinjection.	Dto.	0,01	Gute Analgesie.

Lfde. Nr.	Name, Alter.	Diagnose.	Operation.	Analgeticum. Name.	Analgeticum. Verbrauch.	Bemerkungen.
173	Frau v. B.	Panaritium am linken Mittelfinger.	Incision.	Coc. Euc. ana 1 : 100.	0,01	Gute Analgesie.
174	Frl. R., 16 Jahre.	Verkalktes Atherom am r. Oberarm.	Exstirpation, Naht.	Coc. Euc. ana 1 : 100, Aethylchlor.	0,03	Nicaise Binde. Gute Analgesie.
175	Frau K., 56 Jahre.	Krampfadern am linken Beine, Geschwür.	Unterbindung u. Resection der Ven. saphen. magn. am Oberschenkel, der Ven. saphen. minor in Wadenhöhe.	Dto.	2 mal: 1) Op. 0,02, 2) 0,015	Gute Analgesie.
176	Herr B., 63 Jahre.	Periostitischer Abscess an der 2. Rippe rechts.	Incision, Drainage, Naht.	Coc. Euc. ana 1 : 100, Aethylchlor.	0,04	Dto.
177	Herr K., 34 Jahre.	Abscess am Perineum.	Incision, Drainage.	Dto.	0,03	Dto.
178	Christian D., 18 Jahre.	Eiternde Fistel am r. Oberschenkel nach Knochennekrose.	Spaltung, Abmeisselung des Knochenrandes, Entfernung von Sequestern.	Dto.	0,04	Esmarch'scher Schlauch. Gute Analgesie.

179	Johanna R., 18 Jahre.	Subcutan abgebrochene Stopfnadel im linken Zeigefinger.	Incision, Extraction der im Knochen steckenden Nadel.	Coc. Euc. ana 1 : 100.	0,02	Gummischlauch. Völlige Analgesie.
180	Frl. Sch., 18 Jahre.	Ganglion am r. Handrücken.	Exstirpation, Naht.	Coc. Euc. ana 1 : 100, Aethylchlor.	0,02	Nicaise Binde. Völlige Analgesie.
181	Dr. med. J., Arzt.	Subcutan abgebrochene Nadel im linken Oberschenkel.	Incision, Entfernung der Nadel, Naht.	Dto.	0,012	Völlige Analgesie.
182	Herr M., 43 Jahre.	Eingewachsener Nagel an der rechten grossen Zehe.	Extraction der eingewachsenen Hälfte.	Dto.	0,01	Gummischlauch. Völlige Analgesie. Sieht der Operation zu. Geht nach der Operation ohne Schmerzen nach Hause.
183	Joh. M., 16 Jahre.	Eingewachsener Nagel an der rechten grossen Zehe.	Extraction der eingewachsenen Nagelhälfte.	Dto.	0,01	Gummischlauch. Völlige Analgesie. Geht ohne Schmerz nach d. Operation nach Hause.
184	Herr O., 51 Jahre.	Panaritium subunguale am linken Zeigefinger.	Incision.	Coc. Euc. ana 1 : 100.	0,015	Gummischlauch. Völlige Analgesie.
185	Herr Sch., 51 Jahre.	Schrotschussverletzung an beiden Beinen.	Incision, Entfernung eines Schrotkorns.	Coc. Euc. ana 1 : 100 Aethylchlor.	2 mal je 0,01	Völlige Analgesie.

Lfde. Nr.	Name, Alter.	Diagnose.	Operation.	Analgeticum. Name.	Verbrauch.	Bemerkungen.
186	Herr W., 69 Jahre.	Phlegmone am r. Daumen.	Mehrfache Incisionen, Drainage.	Coc. Euc. ana 1 : 100, Aethylchlor.	0,04	Nicaise Binde. Gute Analgesie.
187	Frau M.	Enorme Krampfadern an beiden Beinen.	Rechts zwei Unterbind-ungen, links eine Unter-bindung der Ven. saphen. magn. am Oberschenkel. Naht.	Dto.	3 mal je 0,02, im ganzen 0,06	Gute Analgesie.
188	Herr H., 42 Jahre.	Hydrocele testis dextr.	Radicaloperation, Drainage.	Dto.	0,02	Völlige Analgesie.
189	Ludwig G., 27 Jahre.	Alte Necrose des unteren Tibiaendes links, citernde Fisteln.	Necrotomie, Entfernung mehrerer Sequester, Tam-ponade, Naht.	Dto.	0,05	Nicaise Binde. Völlige Analgesie.
190	Herr S. 40 Jahre.	Granulierende Wundfläche im Nacken.	Transplantation nach Thiersch vom linken Oberarm.	Coc. Euc. ana 1 : 100.	0,04	Völlige Analgesie.
191	Anna H., 10 Jahre.	Panaritium am r. Ring-finger.	Incision.	Coc. Euc. ana 1 : 100, Aethylchlor.	0,01	Gummischlauch. Dto. Kind verhält sich absolut ruhig.

Nr.	Patient	Diagnose	Operation	Mittel	Dosis	Resultat
192	Frau M., 49 Jahre.	Krampfadern am linken Beine.	Unterbindung der Vena saphen. am Oberschenkel u. Unterschenkel, Naht.	Coc. Euc. ana 1 : 100, Aethylchlor.	2mal 0,02	Völlige Analgesie.
193	Herr C., 46 Jahre.	Fistula ani.	Spaltung, Exstirpation des Fistelganges.	Dto.	0,04	Völlige Analgesie.
194	Ph. W., 36 Jahre.	Caput obstipum spastic.	Resection des nerv. accessor. Willisii r., Naht.	Dto.	0,042	Völlige Analgesie.
195	Bertha Sch., 16 Jahre.	Panaritium subunguale am l. Zeigefinger.	Incision, Eiterentleerung.	Coc. Euc. ana 1 : 100.	0,02	Gummischlauch. Völlige Analgesie.
196	Hermann D., 18 Jahre.	Maligner Furunkel am r. Mundwinkel.	Cauterisation mit Galvanokauter.	Dto.	0,015	Völlige Analgesie.
197	Herr G., 50 Jahre.	Heisser Abscess am r. Vorderarm.	Incision, Eiterentleerung, Tamponade.	Coc. Euc. ana 1 : 100, Aethylchlor.	0,04	Nicaise Binde Dto.
198	Fr. Sch., 15 Jahre	Ganglion am r. Handrücken.	Exstirpation des fibrösen Sackes.	Dto.	0,03	Nicaise Binde. Völlige Analgesie.
199	Herr F., 75 Jahre.	Eingeklemmter Leistenbruch r.	Herniotomie externa, Spaltung des einklemmenden Ringes von aussen, Reposition, Naht.	Coc. Euc. ana 1 : 100,	0,05	Genügende Analgesie.
200	Herr B., 15 Jahre.	Maligner Furunkel am l. Vorderarm.	Incision und Cauterisation mit dem Galvanokauter.	Coc. Euc. ana 1 : 100, Aethylchlor.	0,03	Völlige Analgesie.

Lfde. Nr.	Name, Alter.	Diagnose.	Operation.	Analgeticum. Name.	Ver-brauch.	Bemerkungen.
201	Herr S., 24 Jahre.	Eingeheilter Porzellansplitter am r. Ringfinger.	Incision und Entfernung des Fremdkörpers.	Coc. Euc. 1 : 100, Aethylchlor.	0,01	Gummischlauch. Völlige Analgesie.
202	Lina B., 22 Jahre.	Tuberculöser Erguss im r. Kniegelenk.	Punction u. Jodoformöl-injection.	Dto.	0,01	Völlige Analgesie.
203	Herr G., 50 Jahre.	Granulierende Wundfläche am r. Vorderarm.	Abschabung der Granulationen, Anfrischung u. Bildung eines seitlichen Hautlappens, Naht.	Coc. Euc. ana 1 : 100,	0,04	Nicaise Binde. Völlige Analgesie.
			1897.			
204	Frau M., 37 Jahre.	Eitrige Sehnenscheidenentzündung am r. Mittelfinger.	Spaltung der Sehnenscheide, Tamponade.	Coc. Euc. ana 1 : 100, Aethylchlor.	0,03	Nicaise Binde. Völlige Analgesie.
205	Karl L., 23 Jahre.	Furunculöser Abscess im Nacken.	Incision, Tamponade.	Dto.	0,05	Völlige Analgesie.
206	Georg M., 1 3/4 Jahre.	Bohnengrosses Keloid am l. Kleinfinger.	Exstirpation.	Coc. Euc. ana 1 : 100,	0,01	Gummischlauch. Völlige Analgesie.
207	Marie R., 4 1/2 Jahre.	Ueber wallnussgrosser Nabelbruch.	Radicaloperation, Naht.	Coc. Euc. ana 1 : 100, Aethylchlor.	0,04	Ausreichende Analgesie.

208	Minna W., 23 Jahre.	Incarcerierter Weisheitszahn unten r.	Excision der bedeckenden Schleimhaut.	Coc. Euc. ana 1:100.	0,02	Völlige Analgesie.
209	Frl. V., 23 Jahre.	Krampfadern am l. Unterschenkel.	Unterbindung u. Resection der Ven. saphen. magn. am Oberschenkel.	Coc. Euc. ana 1:100, Aethylchlor.	0,03	Völlige Analgesie.
210	Karl M.	Eingewachsene Nagelreste an der l. grossen Zehe.	Völlige Exstirpation des ganzen Nagelbettes, Naht.	Coc. Euc. ana 1:100,	0,03	Gummischlauch. Völlige Analgesie.
211	Herr Sch., 35 Jahre.	Durchschneidung beider Beugesehnen des r. Mittelfingers.	Erweiterung der Wunde, Sehnennaht.	Coc. Euc. ana 1:100, Aethylchlor.	0,04	Nicaise Binde. Völlige Analgesie.
212	Herr H., 19 Jahre.	Caries des I. Mahlzahnes ob. r.	Extraction.	Coc. Euc. ana 1:100,	0,015	Völlige Analgesie.
213	Frau R., 22 Jahre.	Subcutan abgebrochene Nähnadel im l. Mittelfinger.	Incision u. Entfernung des abgebrochenen Nadelstückes.	Dto.	0,02	Gummischlauch. Völlige Analgesie.
214	Frl. O'B., 38 Jahre.	Neurofibrom am r. Kleinfinger.	Exstirpation.	Dto.	0,02	Gummischlauch. Völlige Analgesie.
215	Friedr. B., 45 Jahre.	Panaritium periostale am l. Daumen.	Breite Spaltung, Knochen entblösst, Jodoformgazotamponade.	Dto.	0,03	Gummischlauch. Völlige Analgesie.
216	Herr H., 37 Jahre.	Krampfadern am r. Beine.	Unterbindung u. Resection der Ven. saphen. magn. n. minor.	Coc. Etc. ana 1:100, Aethylchlor.	2mal je 0,02	Völlige Analgesie.

Lfde. Nr.	Name, Alter.	Diagnose.	Operation.	Analgeticum. Name.	Verbrauch.	Bemerkungen.
217	Frau H., 35 Jahre.	Hämorrhoidalknoten.	Carbolinjection.	Coc. Euc. aua 1 : 100,	0,01	Gute Analgesie.
218	Dr. med. K., Arzt, 57 Jahre.	Kleiner exulcerierter Tumor auf dem r. Handrücken.	Exstirpation im gesunden Gewebe, Naht.	Dto.	0,015	Nicaise Binde. Völlige Analgesie.
219	Herr M., 53 Jahre.	Hämorrhoidalknoten.	Carbolinjection.	Dto.	0,01	Völlige Analgesie.